系统化思维导论

An Introduction to General Systems Thinking
(Silver Anniversary Edition)

[美] 杰拉尔德·温伯格◎著　　王海鹏◎译

人民邮电出版社
北　京

图书在版编目（CIP）数据

系统化思维导论 ／（美）温伯格（Weinberg, G. M.）
著；王海鹏译. — 北京：人民邮电出版社，2015.1
ISBN 978-7-115-37804-0

Ⅰ．①系… Ⅱ．①温… ②王… Ⅲ．①系统思维
Ⅳ．①N94

中国版本图书馆CIP数据核字(2014)第284593号

内 容 提 要

本书初版于1975年面世，此后四分之一个世纪始终畅销不衰。21世纪初，25周年纪念版出版，再次掀起阅读风潮。这是一本全面介绍一般系统思维的权威指南，旨在帮助人们掌握科学的思维法则，揭开科学与技术的神秘面纱。书中通过基本的代数原理，使用大量图表、符号，乃至方程来展示探索项目、产品、组织机构等各类系统的方式方法。另外，作者还通过有启发性的举例说明、大量的章后练习，以及附加的数学符号练习，强化读者对问题、系统和解决方案的思考能力。

本书适合所有对思考问题感兴趣，希望高效认知世界的读者阅读。无论你是科学家、工程师、组织机构领导人、经理人，还是医生、学生，本书都可以帮你驱散思维迷雾。

◆ 著　　　　[美] 杰拉尔德·温伯格
　　译　　　　王海鹏
　　责任编辑　李松峰　毛倩倩
　　执行编辑　张　庆
　　责任印制　杨林杰

◆ 人民邮电出版社出版发行　　北京市丰台区成寿寺路11号
　　邮编　100164　电子邮件　315@ptpress.com.cn
　　网址　http://www.ptpress.com.cn
　　三河市君旺印务有限公司印刷

◆ 开本：720×960　1/16
　　印张：16.25　　　　　　　　2015年1月第1版
　　字数：318千字　　　　　　　2024年12月河北第45次印刷
　　著作权合同登记号　图字：01-2013-3890号

定价：59.00元
读者服务热线：(010)84084456-6009　印装质量热线：(010)81055316
反盗版热线：(010)81055315
广告经营许可证：京东市监广登字 20170147 号

版 权 声 明

译者序

我们周围充满各种像大象一样的系统：物理学系统、生物学系统、社会学系统、经济学系统……这些系统由各种部件组成，整体超出了人们的观察能力，也超出了大脑的想象力和计算能力。我们没有任何先验的认知，无法从整体上认识系统。但在伟大的好奇心驱使下，我们成群结对、前仆后继地去感知这些系统的部件，然后采用了简化近似。

在全知全能的超级观察者看来，这种简化近似非常可笑，而我们却为谁对谁错争论不休。

所有学科看到的不同系统，其实只是真实系统的投影，它们是一个整体系统的不同组成部分。这些系统是开放的，相互之间没有明显的边界，并且会互相影响。国家可以在地理上是近邻，在政治上是仇敌；恋人可以远隔千里，而心有灵犀；和你交易的人，可能远在地球的另一边。

部件脱离了系统，就丧失了存在的意义；系统脱离了环境，将不能存续。所有的观点都是互补的，光既是粒子又是波。凯恩斯说对了一半，哈耶克说对了另一半。从外部看，系统有行为，从内部看，系统有结构，系统是行为和结构的统一。

在系统的内部，一切都有很强的联系。蝴蝶扇动翅膀，可能会引起暴风雨。我们又怎么知道，杀死海龟会有什么影响？地球就像阿西莫夫笔下的盖娅星球，是一个整体。

一个朋友曾说：观点等于80点智商。我们自己是一个系统，又生活在复杂系统组成的环境中。如何看待这些系统，这些系统将如何改变，是每一个智能生物一直在思考的问题。本书总结了人们在探索各种系统中学习到的一般法则。

在翻译这本书的过程中，我学到了很多。联想到自己正在开发的软件系统，以及平时接触的各类系统和各学科的知识，我有一种豁然开朗的感觉。限于本人的水平和时间，翻译错误在所难免，请大家原谅并不吝指出。

在此，向每一位喜欢思考的读者郑重推荐这本书。

王海鹏
2014年春

25周年纪念版前言

> 要解决我们面对的重要问题，不能停留在当初制造它们的思维层面上。
>
> ——爱因斯坦

从记事起，我就一直对思维很感兴趣。我从1961年开始编写这本关于思维的书，在它上面整整花了14年的时间，本书在1975年得以出版。从那时起，我收到了几百封来信和关于这本书的评论。大多数读者表示本书帮助他们改进了思维，这让我很高兴。但是，因为编写本书也帮助我改进了思维，所以对此我并不吃惊。

我不是喜欢收藏的人。我找不全25年前本书刚面市时收到的那些"漂亮"的书评，也找不全那些信件。所以，我有点困惑，不知怎样写这篇前言。

好吧，大多数思维，甚至是一般系统思维，有时候都需要一点运气。我花了点时间下载了自己的电子邮件，并很幸运地找到了这样一封赞扬信，部分摘录如下：

> 我是Wayne Johnson，是一名兽医，在中国南部提供技术咨询服务……大约10年前，我很偶然地发现了这本书，也可以说很意外，当时我正在寻找一些基本信息以支撑我的增长模型项目。我要告诉你，这是我读过的对我影响最大的书之一。那本书我最后不得不还给了大学图书馆，后来我好不容易说服了某位书商，帮我订了一本。

这些年来，我常常收到此类信件，并乐此不疲：

- 来自地球的另一端（如中国南部）；
- 来自我从未想过会影响的专业人士（如兽医行业）；
- 说这"是我读过的对我影响最大的书之一"。

但是，我对这本书近些年的遭遇感觉有点疲倦。显然，在前一家出版商的计划中，没准备出版那些25年一直不过时、一直有需求的书。结果，一系列生活成本的自动增长将这本书的价格推到了不合理的高度，印刷量完全不能保证供应，即使已重印了20多次。二手书溢价卖出，我的小库存也萎缩了，所以我决定拿回这本书的版权，将它转给更懂这本书的出版商Dorset House Publishing。结果就有了这个版本的面市。

开始编写本书时，我已经写了6本关于思维的书，但都是基于计算机编程思维的视角来写的。我写了很长的时间，然后意识到计算机语言的变化比人的变化要快得多，所以决定将编程语言的生意让给别人，专注于更一般的思维法则。结果，我先编写了《程序开发心理学》(*The Psychology of Computer Programming*)，然后才是这本书。现在，经过了20多年，这两本书还在静静地发挥着它们的作用。也是我的作用。

我想没有多少人在25年后会重读他们自己的作品，但既然我重读了两次，就反思了一下多年后自己有哪些改变。

- 那时我肯定比较年轻，至少现在看来是如此。那时，我觉得自己相当成熟能干。我怀疑今天的自己是否会有这样的勇气，去写这样雄心勃勃的书。
- 现在我知道得更多，这源于更多的经历，但我最大的兴趣仍未改变。我仍然完全痴迷于人的思维，以及它多彩的可能性。
- 我没有改变自己的信念，即大多数人如果学习一些思维法则，他们的思维能力就会比现在强很多。
- 我的写作风格改变了，我发现以前的某些用词有点离奇。例如，自从出版了这些书后，在一些读者反馈的督促下，我在写作时有意识地去除了一些带有性别歧视的语言。我很高兴自己这样做了。当看到有些作者说无性别歧视的语言非常"拗口"时，我想这更深刻地揭示了他们自己的想法，而他们本来是不想暴露这一点的。
- 最近写作时，我更多地使用"我"，而不是"我们"或"它"。不论好坏，这些毕竟都是我的想法，而且我写的是思维和思考者。所以，如果这些非直接的形式隐藏了思想背后的思考者，就对读者造成了伤害，毕竟他们对思维的主体感兴趣。我希望现在的读者能原谅我年轻时的荒唐，并能因此获得更多的练习机会，看到每个思维过程"幕后的人"。

- 经过大量有意识的学习，我确实感觉到，现在的我更了解个人在思维方式上的差别。我借鉴了诸如我的导师维琴尼亚·萨提亚（Virginia Satir）和阿纳托尔·拉波波特（Anatol Rapoport）的模型，还有迈尔斯–布里格斯性格类型指标（MBTI）和神经语言学（NLP）模型。这些模型就像一般系统这块蛋糕上的美味糖霜。
- 经过这些年的咨询工作，我现在更清楚如何将这些一般法则应用于具体情况。在关于软件管理、系统分析、问题定义、人际交往系统、咨询和系统设计的著作中，我已经尝试着记录这些知识。

我期待看到这些书还能再畅销20年！

前　言

　　我发现所有事情都十分清楚，但没有一件事是我真正完全理解的。理解就是改变，就是超越自己。这次阅读没有改变我。[1]

　　本书基于一门课程，这门课程在这些年来已经改变了许多人的思维。假如你认为自己不会因为读一本书而改变，请允许我引用课程评估时收到的一些典型评价。

　　一名电子工程师说："它让我在大学里学过的许多孤立的学科变成了一个有意义的整体，也使这些学科与我5年的工作经验建立了联系。"

　　一名考古学家说："我想我以前不理解理论在我工作中的意义，也不理解如果你不让理论主导你的工作，理论的威力还会有多大。现在当我进行探究时，总是从整体上看问题，并将它作为更大整体，即活生生的文化的一部分。"

　　一名作曲家说："我也许不能准确地向你说明，但我最近的作曲已经改变了，绝对改变了，而且变得更好了，这是学习这门课程的结果。"

　　一名计算机系统分析师说："我十几年前就应该学习这门课程。我在3个月内学到的有关系统的知识远超过去全部所知。我在工作中遇到一个问题，过去可能会感到很痛苦，但现在可以应用无差异法则，所以能将其轻松解决。还有一次，我们碰到了一个问题，如果是在几个月之前，它可能会从我眼皮底下溜走，然后给我们带来很多麻烦，但因为我几乎无意识地跟它玩起了观察者的游戏，所以发现了它。通过一种新视角，问题就变得明显了。解决方案也是如此。"

　　但一名计算机程序员说："我没有从这门课程中学到任何东西。它不过是一堆陈词滥调，一些常识而已。它很有趣，但除此之外纯属浪费时间。"

你不是总能教育所有人。我们首先说明有成功的希望，同时也警告说不能保证成功。更糟的是，市场上关于思维的书已经泛滥成灾，就连那些不会思考的人也写了许多关于思维的书。在几百份感谢信中，认为对思维有无重大改变者的比例是9：2。但除此之外，关于改变你的思维和你对其他人思维的理解，本书还能做出什么承诺呢？学者至少学会两种思维方式。一种方式始于掌握学科的细节，然后继续去以超越这些细节。我们谈到这种超越时，会使用一些赞同性的词，如"物理学思维""了解人类学理论""具备数学成熟度"。那么我们做了什么才获得了这种学科成熟度呢？其一是，我们知道了如何"处理"一个问题，也就是说，最开始的几个想法应该是什么。

这种学科式的教学方法很有效。首先（很显然），它基于别人留下来的智慧，而不必重复他们的工作。其次（在我们碎片化的社会中，不那么明显），学科专家将自己局限于相当小范围的"问题"，在这个范围内，他相当自信有能力求得结果。成功的学科专家知道要回避什么问题。

但是那些无法回避的问题呢？在浪费日益严重的经济中不断增加的人口对自然资源的损耗怎么办？不断发展的技术通常是"顺从的仆人"，但有时也会成为"恐怖的主人"，怎么办？可怕的战争和枯竭的和平怎么办？死亡怎么办？我快要死了，怎么办？

这些问题不属于任何学科。许多较小的问题也没有我们熟悉的标签。本书试图传授一种思维方法，来应对没有标签或标签存在误导的情况。这种方法优于学科式学习，有时候绕过它们，或者说整合它们。我们称这种思维和教育方式为一般系统方法。

一般系统方法并不是我自己的发明。许多人都对一般系统方法做出了原创性贡献，但我不是其中一员。那么，为什么是我来写这本书？仅仅是因为在尝试教授一般系统思维十几年后，我发现没有一本"导论"性的书能让这种方法真正被一般读者所理解。

因此，我的职责就是搜集大量的材料，将其组织成导论的形式。我已尝试收集一般系统理论家和学科专家的洞见，按照一致而有益的次序编排，并将它们转换成较简单的一般性语言，以便为普通读者所理解。

因此，英文书名中的"general"（一般）有双重含义：最一般的实用洞见，尽可能带给最一般的读者。

通过将特定的学科洞见调整为一般的框架和语言，我们将每个学科的一些思想带给所有人。如果这些思想经过仔细挑选，能应用于一般层面，那么这种方法应该能为学科专家节省思考时间，因为他不需要重复其他学科做过的研究。因此，本书不是针对"系统专家"，而是针对系统多面手写就。

那么这些"多面手"是谁？他们当然包括（在我多年的课程中确实已经包括）几乎所有通过头脑来改善生活的人。我的"听众"包括经理和组织机构的其他领导、社会学家和生物学家、计算机系统设计者、工程师以及各学科的大学生。此外，他们还包括人类学家和演员、商人和生物系学生、制图者和出租车司机、设计者和艺术爱好者、电子工程师和埃及古物学者、法语专业学生和农夫，等等。

其中大部分人的数学水平最多不过了解高中代数，有些甚至还不到这个水平。本书中数学话题的难度正限于此，因为大多数人（大多数受过教育的人）正是处于这个水平。一名控制系统工程师看过这本书，而后担心他的学生读过之后"可能不再愿意学习微积分和微分方程"。

但一名化学专业的学生说："我学完这门课程之后选修了微分方程。我在完成微积分课程之后总是害怕上微分方程课，而且因为它不是必修课，所以我一直往后推。但我隐约知道我需要它，而现在我很清楚自己为什么需要它。而且，我不再害怕，因为我知道它是讲什么的，就不会感到痛苦了。"一名大学二年级的生物系学生说："高中代数课后，我就再没上过任何数学课。这对于一个生物系学生来说是很愚蠢的做法，但我上完一般系统课程后才意识到这一点。我会在下学期开始学微积分，如果学校允许的话。"

这些都是真的吗？翻阅本书，你会看到各种图表、符号，甚至方程。但千万别被它们吓住，它们不是为了故弄玄虚。只是一般人常常因为这些东西而远离科学与技术，所以这本关于一般系统思维的书必须揭开它们的神秘面纱。

合适的数学符号将首先被证明其合理性，然后根据需要进行解释。和流行的观点相反，科学家使用数学让事情变得更清晰，而不是变得更模糊。我打算只以这种方式使用数学，所以，如果你发现符号不易理解，请再试一次。如果仍然不好理解，请放弃，责备我，然后继续读下去。你并不会因此错过太多内容。

并非所有科学都采用数学符号。普通的单词也非常好，尤其当你并不真正清楚自己在说什么的时候。我因计算机方面的经验意识到，人们常常并不清楚自己所说的东西。通过将思想转换成计算机程序，我学会了消除迷雾的许多技巧。如果没有计算方面的知识，是不可能学到这些技巧的，所以过去的科学家很少明白这些技巧，系统理论学者也是。本书不会教你如何为计算机编程，但它会教你用计算机程序员的方式来思考。

谈到迷雾，不要以为我的思考有多么清晰。在本书多年的写作中，随着迷雾被驱散，整节整节的内容被废弃。而且，我不担心自己使用了不太准确的说法，只要让课程更有说服力、更让人印象深刻即可。

所以不要把这本书太当真。它不是圣经，也不是证明，甚至不是有内聚性的论证。实际上，它是我最初的一些思考，一些提示、说服、推动，有时候是猛推，目的是帮助你开始思考任何"系统"问题。我的另一名学生说："我觉得这门课程让我的（计算机）系统设计水平提高了1倍，但我知道它让我的思考水平提高了10倍。"我希望它对你也产生一样的效果，或许会产生更大的效果。

杰拉尔德·温伯格
1974年6月

致　　谢

　　本书是很多人的工作成果，这些成果碰巧由我一个人来集结。首先是学生们，他们发现这些年自己被当成了小白鼠，他们没有太多尖叫，除非被伤害得太深。其次是一同执教的老师，他们和我一起工作，使用并贡献了这份材料，他们是：Ken Boulding，他让我参与他在密歇根的论文研讨课程；Jim Greenwood，他接手了我在纽约IBM系统研究所的工作；Don Gause，他和我在纽约州立大学宾汉顿分校共同执教人类科学与技术。第三是那些直接教过我的人，尤其是本书的奉献对象：Ken Boulding、Anatol Rapoport和Ross Ashby。第四是其材料被我随意借用以完成本书的那些人，同时希望没有收到致谢的人能原谅我，并让我知道自己的疏忽。第五是在编写本书的许多年里参与编辑工作的人，尤其是Sheila Abend、Shanna McGoff和Mike McGoff。最后，最深的感激要送给两个人，他们阅读并仔细推敲每个单词和图表，以便将一块燕麦片布丁变成我所希望的婚礼蛋糕。他们是Joan Kaufmann 和 Dani Weinberg。

如何使用本书

在本书还是手稿的时候，它就有几种使用方式，但主要是供个人使用或课堂使用。虽然读者肯定会找到自己的使用方法，但在此我有必要解释一下我看到以及设想中的使用方法。

对于个人使用，最好的方法可能就是从头到尾读下去，忽略所有的文献材料。每章末尾的思考题应该作为正文的一部分来阅读，以便了解该章内容可能适用的问题范围。如果某个问题或引用特别吸引你，就做点笔记，然后利用参考文献来进一步研究。由于本书旨在向你介绍新的思考方法，所以给出了许多引用和参考文献，这不是卖弄学识，而是为你指出众多其他的学习路径。

并非所有的参考文献都是好的示例，所以每章末尾的"推荐阅读"和"建议阅读"给出了进一步的帮助。"推荐阅读"和"建议阅读"的基本区别在于，这些年来，我发现"推荐"别人读一整本书是不明智的。他们要么不会去读，要么读了，但对其价值的看法与我不同。后一种情况中，我树立了敌人。前一种情况中，我让别人想躲着我。但不管怎样，请读一些我建议的书。

对于课堂使用，有多种选择。对于典型的大学课程，7章内容大致可以隔一周学习一章，期间不上课的那一周用于推荐阅读。这就是我们面对"混合"听众时采取的策略，也就是说，来自不同学科的学生坐在一个教室里时，我就这么做。如果学生的背景差不多，则可以替换成更为专业的阅读内容。据我们所知，这种方式至少被用于管理科学、计算机科学和行为科学。

正文本身适用于所有大学二年级及以上水平的人，可以给他们安排不同数量的补充阅读和思考题。这些思考题本身通常也适合作为短论文或学期论文。在高年级的课程中，我们让学生准备一个或几个问题进行课堂展示。对于那些没有数学背景的学生，强力推荐符号练习。

本书的灵活性和材料的通用性让它很难放在大学的课程中。"它到底属于哪个系？""它针对什么水平的学生？"我经常被问及这些问题，这可能是我们的社会过度分类的症状，即通过教育工厂将知识分解为学科领地，将人分成年龄等级。但问这些问题的人常常是真诚的，他们想突破当前的大学结构，得到更好的东西。我们应该试着给他们一个有帮助的答案。

关于放在"哪里"，我认为一般系统方法的课程或主题可以放在任何系中，只要有教师愿意讲，系主任愿意配合。在某些地方，跨系听课是解决这种棘手问题的传统方法。在另一些地方，甚至已经规定了一些全校（至少是全院）课程。通常，哲学系是个合适的地方，不过我们的前驻校哲学家Virg Dykstra总是教育我们，不应该有哲学系，只要每个系有一个哲学家即可。所以也许每个系都应该有一般系统课程，由系里的哲学家来讲授。或者将本书作为许多课程的补充读物。

关于"谁"和"何时"，如果允许我谈谈个人偏见，我可以说得更具体一些。我曾为大学二年级、三年级、四年级和研究生讲授过这些内容，也为那些毕业很长时间的人讲授过。出于某种原因，最激动的时候是为四年级或离开学校很久的人上课。四年级的学生似乎在寻找一种方式，将令人昏乱的、积累四年的事实材料集成为某种他们能真正使用的东西。尽管乍看上去，这种让材料有用的想法似乎非常滑稽，但不少同学返校或写信告诉我，这是他们在四年里学到的最有用的课程。我希望这是对这门课程的好评，而不是在说学校的坏话。

也许这种实用性是让这门课程适用于工作人群的原因，他们一致的反应是在课堂上讲一些故事，讲他们在日常工作中如何应用或者应该应用某些一般系统定理。相反，刚入学的研究生似乎常常太沉迷其中，希望在最短的时间内达到最大的专业化程度，而大学二年级学生只想要一些细节，而忽视了它们的一般性。当然，人们也不会完全符合这种年级分类。我不愿意想象，如果把一些研究生和大学二年级学生排除在课堂之外，我会少学到多少东西。

Contents 目录

目

录

xvii

目

录

第 1 章 问 题

今天我们宣称，没有定量就不是科学。我们用关联分析替代因果分析，用物理方程替代有机推理。测量和方程本应使思维更敏锐，但是……它们常常让思维变得没有逻辑，模糊不清。它们更像是科学操作的对象，而不是关键推理的辅助测试。

许多（也许是大多数）重要的科学问题都是定性的，而不是定量的，甚至在物理和化学中也是如此。当且仅当关系到证实时，方程和测量才有用。但证实或证伪在先，如果在没有定量测量的情况下就有绝对的说服力，这种证实或证伪实际上是最强的。

或者换一种说法，你可以从逻辑盒子或数学盒子中抓住现象。逻辑盒子粗糙但坚固，数学盒子精致却脆弱。数学盒子可以把一个问题漂亮地包装起来，但却无法抓住现象，所以首先要用逻辑盒子将现象抓住。

——约翰·R. 普拉特（John R. Platt）[1]

1.1 世界的复杂性

带来麻烦的不是未知的东西，而是我们以为知道，实际却并非如此的东西。

——威尔·罗杰斯（Will Rogers）

获得知识的第一步是承认无知。我们对世界了解得太少，大多数人却不愿意承认这一点。然而我们必须承认，因为证明我们无知的证据正在积累，而且其规模大得无法忽略。

在150年或200年前，如果能从卫星上给地球拍照，那么这个星球会有一个显著特征：赤道南北大约10个纬度或更宽的范围内，有一条绿色腰带。这就是终年常青的潮湿热带森林，通常称为热带雨林。两个世纪前，热带雨林几乎延绵不断，覆盖着从中南美洲、非洲、东南亚到印度尼西亚群岛的热带湿地。

……热带雨林是最古老的生态系统之一……它从白垩纪起就一直存在，而白垩纪结束于6000多万年前。

可是今天，热带雨林像大多数其他自然生态系统一样，正在飞快地改变……有可能到本世纪末，剩下的就不多了。[2]

类似的报道频繁出现在书籍和报刊中。这种变化是好是坏？对此我们并不清楚，这就是问题。问题不是变化本身，因为变化是普遍存在的。问题也不在于人类导致了变化，因为改造环境是人类的本性。人类一直在改变全球的面貌，直到人类消亡才会停止。

我们星球的古老历史充满了物种灭绝的故事，而且许多故事都有同样的场景：恃剑而生者，最终死于剑锋。恰恰是那些成功因素，在超越特定的时间之后，成为了致命的毒药。对人类来说，成功源于知识的力量，它让我们得以改造环境。问题是要让这种力量可控。

过去，知识的积累非常缓慢。除了大自然的杰作，人的一生很难看到太多变化。仅学会在铜中加入砒霜来锻造青铜器，人类就花了几千年；而懂得用锡代替危险的砒霜，又经过了一两千年。如今，人们每天都能从实验室中制造出一种或多种具有指定属性的新合金。合金的产生导致了文明的盛衰，但这种变化太慢，不容易察觉。更好的刀剑意味着战胜入侵者，但改变是局部的、缓慢的，足以被千千万万个微小的调整淡化，不会造成物种灭绝。一天一种新合金导致的结果，我们就不好说了。

变化的速度和规模前所未有，而科学和工程是催化剂。物理学家告诉我们如何控制核威力，化学家告诉我们如何使粮食增产，基因学家告诉我们如何提高生育质量。但是，科学和工程没能处理一级成功带来的二级影响。核电站发出的多余热量改变了鱼群的生育方式，在进行调整之前，其他物种已经引起河流及沿岸生态环境的变化，而这种变化不可逆转；杀虫剂能杀死某种昆虫，却会让其他昆虫大肆繁殖；除草剂能将热带雨林变成农田，但会改变土壤，让土地变得更为贫瘠。我们当前的行为会给子孙带来什么影响？对此我们只有一些可怕的线索。

有人说，一般系统运动源于科学的失败，但更准确地说，正是因为科学取得了如此巨大的成功，才需要一般系统方法。科学与技术统治了我们的星球，其影响遍及生活的方方面面。在这种变化的过程中，科学技术也揭示出自身无法处理的复杂性。一般系统运动的任务就是帮助科学家揭示复杂性，帮助技术人员掌握复杂性，帮助其他人学会在复杂的世界里生存。

本书向读者介绍一般系统的思维方法。由于一般系统是科学的产物，我们将首先从一般系统的角度来检验科学。之后，我们将讲述什么是一般系统方法，以及它与科学的关系。然后，我们开始在更广泛的背景下，认真直面观察和实验中的许多问题。在这之后，我们就会清楚地意识到自己"以为知道，实际却并非如此的东西"，做好发现一般系统将来任务的准备，而关于这些任务的讨论则超出了本书的范围。

1.2 机械论与机械力学

> 物理学并非致力于解释自然。事实上，物理学的巨大成功源于其有限的目标，即揭示物体行为的规律。抛开上面那个宏大的目标，划定一个具体的范围来解释现象，这显然是我们现在必须要做的。实际上，指定可解释的范围，这也许是物理学至今最了不起的发现。
>
> 物理学致力于揭示现象中的规律，这被称为自然定律。这个名称很恰当。法律只规定了特定情况下的行为，而没有试图规定所有的行为。同样，对于感兴趣的对象，物理定律也只确定它们在某些明确定义的条件下的行为，对其他情况则未予确定。[3]
>
> ——尤金·P. 维格纳（Eugene P. Wigner）

要从一般系统的角度理解科学，我们应该审视物理学，特别是机械力学，因为其他科学常常将这些科学作为标准。关于世界的力学典范之美，Karl Deutsch[4]表述得非常好：

> ……（机械论）意味着整体完全等于部分之和，反之亦然；不管部分进行多少次分解组合，也不管按照什么样的顺序进行分解组合，整体的行为始终不变。这意味着各个部分不会给彼此带来巨大的改变，也不会因其自身的历史而发生巨大的变化。任何部分在适当的时间到达适当的位置后，就会留在那里，继续完成它完全而唯一确定的行为。

这种描述略有不当，因为力学系统一般由几个不同的部分组成，通常是2个，有时是10个，在高度约束的情况下或许多达30个或40个，如桥梁的部件。如果部件太多，物理学家也许能写出描述不同部件行为的方程，但却不能求解，即便采用近似方法也不行。不错，高速计算机的出现拓展了力学系统近似求解的范围，但进步不大。

既然正式的力学方法有如此的局限性，为什么它被视为所有科学的典范？要得到答案，我们必须忽略正式的方法，转而去考虑非正式的方法。人们总是通过非正式的方法简化复杂力学系统，然后才开始应用正式的方法。

以牛顿对太阳系中物体运动的解释为例，Rapoport[5]在谈到这个问题时指出：

> 力学方法取得了成功，这是因为太阳系……有几个运动的物体，构成了一种特殊的、可追踪的情况。

虽然Rapoport的分析没错，但它没有触及牛顿之成功中最核心的部分。首先，太阳系不是由"几个运动的物体"构成的，我们现在知道太阳系有成千上万个天体以及其他没有成形的物质（参见图1-1）。可是，所有关于行星运动的分析，从一开始就忽略了其中大部分天体。人们认为它们"太小"，不足以影响计算结果（参见图1-2）。这种做法似乎很自然，以至于很多书本对此都没有提及，但实际上，只有在很特殊的情况下才能这样做。所有其他情况的系统，都被认为不适用力学原理。

图1-1 （太阳系）存在成千上万个天体

图1-2　行星运动分析始于忽略大部分天体

例如，请考虑大脑中的一个微小组织：松果体。在试图理解人体的行为时，生理学家能忽略它的作用吗？也许可以，也许不行。不论哪种情况，没有生理学家会认为，因为松果体的质量比大脑的质量小很多，所以可以忽略它。活细胞中的DNA只占细胞质量的很小一部分，但是如果忽略了它，就不能理解细胞生物学了。蜂王只是在蜂箱中生活的几千只蜜蜂之一，其质量也只占其中的很小一部分，但任何动物行为学家都不敢忽略它。

所以，力学研究的系统，是力学近似能够成功应用的系统。只考虑各部分之间的万有引力是无法理解人体的，这只是经验性证据问题，不是理论问题。

1.3　计算的平方律

> 过去，处理生物系统的唯一手段就是试图将各部分间的相互作用减为最小，因此常常丧失了真正的关注点。如今，只要有足够的时间和金钱，我们就可以应付生物系统所有的复杂性和多样性。[6]
>
> ——W. 罗斯·阿什比（W. Ross Ashby）

计算的成本是什么？时间还是金钱？要以较低的成本计算行星轨道，忽略小物体（小行星、彗星、卫星以及其他太空漂浮物质）会带来多大的影响？

首先考虑最普通的两物体系统的描述方程。我们必须先描述每个物体自身的行为，即"孤立的"行为。我们也必须考虑两者的行为如何彼此影响，即"相互作用"。最后，我们必须考虑两个物体都不存在时系统的行为，即"场"方程。总的来说，最普通的两体系统需要4个方程：2个"孤立"方程，1个"相互作用"方程，还有1个"场"方程。

随着系统中物体数量的增加，"场"方程仍然只有1个，每个物体需要1个"孤立"方程来描述其行为，但是"相互作用"方程的数量则迅速增加，n个物体需要2^n个关联方程！（参见附录A，"科学计数法"条目解释了这些指数形式。）

更具体地说，由10个物体组成的系统存在$2^{10}=1024$个方程，100 000个物体就会有$10^{30\,000}$个方程。通过"忽略小物质"，方程数会从$10^{30\,000}$降到1000个左右。即使仍然不能求解，但至少能写出所有方程。

求解这些方程要付出多大努力？我们为何对此深感兴趣？在牛顿时代，力学对哲学思想的影响是普遍而深入的。很多哲学家赞同拉普拉斯的观点：只要精确地观测到物质中每个粒子的位置和速度，就可以计算出整个宇宙的未来。虽然他们意识到需要一个巨型计算机，但那时他们连最小的计算机都没有。他们如何度量所需的计算量呢？

到了我们这一代，机械论者的梦想实现了。但这一实现却带来了哲学思想的革命。其中一个方面就是更现实地考虑计算成本问题。它虽然是由系统思想家首先提出来的，但Ashby在这个问题上最著名、最坚定。"要花多少时间和金钱"始终困扰着人们，也成为一般系统运动的基础性问题。

我们不需要准确测量。我们只希望能估算：随着问题规模的增长，计算量将如何增长。经验表明，除非能够进行某种简化，否则计算量的增长至少是方程数增长的平方。这就是"计算的平方律"。因此，如果方程数加倍，必须采用快4倍的计算机，才能在相同的时间内求解。自然，时间的增长常常比这更快，特别是出现某些技术困难时，例如结果的精度下降。不过，对我们目前的讨论来说，可以保守地采用"计算的平方律"，以此估算一组一般方程比另一组方程的计算量多出多少。

实际计算中存在一个系统方程规模的上限。显然，$10^{30\,000}$大大超出了这个上限。牛顿时代没有计算机，计算的实际上限远低于1000个二阶微分方程，况且那个时候牛顿才刚刚发明微分方程。利用所有的显式和隐式简化假设，牛顿才能侥幸成功，就像今天的生理学家和心理学家所做的一样。就这一点而言，如今我们会注意到老一辈物理学家常说：现在的"年轻人"不再研究"真正的物理学"了。这些年轻的"暴发户"用计算机来求解大量的方程，而不是利用物理"直觉"先减少方程的数量，以便在所谓的信封背面用铅笔演算出结果。

1.4　科学的简化和简化的科学

> 我不知道他人如何，我自己一般在开始时就放弃了。对于那些每天都能遇到的最简单的问题，我一试图深入思考，就感觉完全无法回答。
>
> ——勒恩德·汉德法官（Justice Learned Hand）

想一想实际的计算问题，我们就会对力学或任何一门科学有新的认识。由于实际的计算要求把那些隐式假设明确化，所以计算机程序员喜欢研究人们如何做出假设这一点就不足为奇了。举个例子，请考虑将太阳系问题减少到1000个方程时，我们做出的另一个假设。

我们曾假设（力学中常常这么假设），只有某些相互作用是重要的。在这个例子中，唯一重要的相互作用是万有引力，这意味着每一对关系只给出一个方程。我们怎么知道在这个系统中只有万有引力才是重要的呢？我们怎么知道可以忽略磁效应、电场力、光压力、人格魅力以及其他因素呢？针对这个问题，一种回答是：如果其他作用力很重要，这个问题就不是一个力学问题了。但这种回答纯属回避问题。我们怎么知道这是不是一个力学问题呢？

与前面相同，我们知道它是一个力学问题，因为如果我们尝试这样的近似，就能得到满意的结果，即结果符合观察数据。如果我们手中的问题不符合这样的结果，它就不会被写入力学课本了。这种困惑的一个实际计算例子是回声卫星的轨道计算，该卫星是一个膨胀且巨大的聚酯薄膜球体。在预测它的轨道时，引力方程的经典答案不能令人满意。经过艰苦努力，程序员意识到，由于它的密度很小，体积就比同样质量的太阳系天体大得多。因此，照射到它表面的太阳光的压力就不能忽略，这与计算其他"普通"轨道不一样。力学本身没有告诉我们什么系统是力学系统。

但是，就算方程个数已经减少到1000（采用了大量的隐式假设），我们还是不能说已经解决了这个问题，因为即使采用大型计算机，可能还是很难求出这些方程的解。我们需要进一步简化。牛顿在万有引力定律中提供了一种重要的简化方式，这一定律被誉为"迄今为止人类最了不起的归纳"。[7]

万有引力定律指出，两个质点之间的相互吸引力（F）由下式表示：

$$F = \frac{GMm}{r^2}$$

其中，M和m分别为两个质点的质量，r为两者之间的距离，G为普适常数。从简化的角度来看，这个方程说得比较隐晦，因为它指出：不需要其他方程。比如，它说明两个物体之间的作用力在任何时候都与第三者无关，所以只需要考虑两两之间的作用力，然后所有这些效果可以叠加（参见图1-3）。

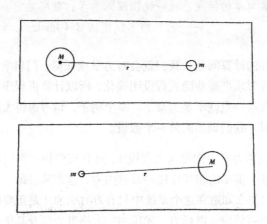

图1-3　只需依次考虑两两之间的作用力

可是，如果心理学家可以考虑将两两作用叠加，那就开心死了。这种简化意味着，要想了解一个三口之家的行为，他只需研究夫妻行为、父子行为和母子行为，然后把三种相互行为加起来，就能预测全家的行为了。遗憾的是，只有在力学和其他少数学科中，这样的两两作用叠加才能成功。

在太阳系的例子中，通过两两作用的叠加，1000个方程减少到45个左右，这是从10个物体中任取2个的所有可能组合。从计算上看，我们至少已经把计算量大致减少为原来的1%。我们可能想到此为止了，但牛顿没有，也许因为他不像我们拥有计算机，所以做了进一步的简化。

碰巧，太阳系中有一个物体（太阳），它的质量比其他物体大得多，事实上，比它们的质量之和还要大得多。由于存在这样一个占主导地位的天体，那些没有太阳参与的两两之间的相互作用力就小得足以忽略了，至少对于牛顿想要解释的数据精度而言确实如此（简化计算结果的偏差至少让人们发现了一颗牛顿不知道的行星）。这种简化之所以可行是因为太阳系的特点，而不是因为力学原理。这样，方程数由45个减少到了10个左右，计算量也因而减少为不到原来的1/20。

牛顿的研究甚至更进了一步。他注意到，由于太阳独一无二的巨大质量，可以将每个行星和太阳看成一个系统，与其他系统分离开来。这样分离的系统只剩下两个物体。将一个系统分解成没有相互作用的若干子系统，这种技术对于所有成熟的学科都十分重要，当然对于系统理论学家也一样重要。要理解这种分解的重要性，只需想想"计算的平方律"：若求解一个含 n 个方程的系统需要 n^2 次计算，则计算 n 个仅含 1 个方程的独立系统共需要进行 n 次计算（参见图1-4）。

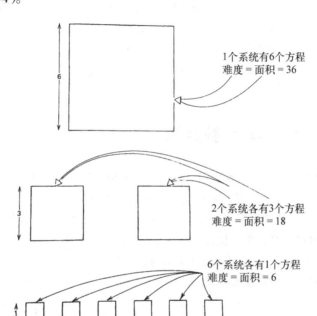

1个系统有6个方程
难度 = 面积 = 36

2个系统各有3个方程
难度 = 面积 = 18

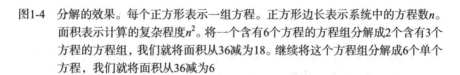

6个系统各有1个方程
难度 = 面积 = 6

图1-4　分解的效果。每个正方形表示一组方程。正方形边长表示系统中的方程数 n。面积表示计算的复杂程度 n^2。将一个含有6个方程的方程组分解成2个含有3个方程的方程组，我们就将面积从36减为18。继续将这个方程组分解成6个单个方程，我们就将面积从36减为6

直到这时，牛顿才停止简化，开始求解方程。事实上，他还做了许多其他假设，比如把太阳系中的每个天体看成一个质点。在这些简化中，牛顿及其同时代的人通常更容易意识到简化假定，也更关心简化假定。今天讲授牛顿计算的物理学教授们则不然。所以，现在的学生很难理解牛顿关于行星轨道的计算为什么能跻身人类最伟大的成就之列。

但是一般系统思想家能理解，因为他们所选择的任务就是理解科学的简化假设。用维格纳（Wigner）的话说，这些"感兴趣的对象"和"明确定义的条件"限定了科学的应用范围,增强了它的预测能力。一般系统思想家希望,从科学家对世界建模这一过程的起点入手,并依照这个过程进行下去,最终获得关于其他科学的有用模型。

为什么一般系统思想家对科学的简化以及简化的科学这么感兴趣?理由与牛顿完全一样。系统科学家知道,"计算的平方律"决定了任何计算设备都有计算能力的极限。而且他们认为,人的大脑在某种意义上也是一种计算设备。所以,如果我们想在如此复杂的世界中生存,就必须获得所有可能得到的帮助。牛顿是一个天才,不是因为他的大脑具有超级计算能力,而是因为他会简化和理想化,使得普通人的大脑能在一定程度上认知这个世界。通过研究过去成功和失败的简化方法,我们希望人类知识的进步不要过分依赖天才。

1.5 统计力学与大数定律

在176年间,密西西比河的下游缩短了242英里,即平均每年大约缩短1.38英里。因此,任何冷静的人,只要不瞎不傻,就能够推算出,在志留纪时代,即100万年前的下个11月,密西西比河下游应该延伸到130万英里远的地方,像一根钓竿伸在墨西哥湾上。同样,任何人都可以推算出,742年以后,密西西比河下游将只有1.75英里长,伊利诺伊州的开罗和新奥尔良将街道相连,人们将在同一个市长和同一个市政委员会的领导下,一起舒适地过日子。科学令人着迷。人们根据这样一点事实就能做出这么多推测。

——马克·吐温, *Life on the Mississippi*(《密西西比河上的生活》)

牛顿的成就在于,他描述了大约10^5个物体组成的系统的行为,并从中找出感兴趣的10个物体。但到了19世纪,物理学家们想研究其他系统,即简单的小系统,比如一瓶空气中的分子。

一瓶空气中的分子与太阳系有些不同。首先,分子的数量不是10^5,而是10^{23}。其次,19世纪的物理学家不是只对其中的10个分子感兴趣,而是想了解所有的分子。再次,即使他们只想了解其中的10个分子,也必须弄清楚所有的10^{23}个分子,因为分子的质量几乎是一模一样的,并且相互作用密切(参见图1-5)。

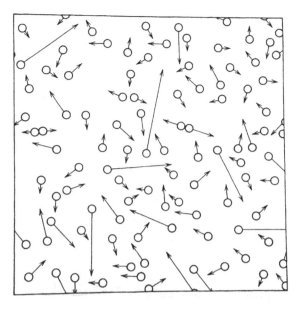

图1-5 10^{23}个，质量相同、相互作用密切的分子

19世纪的物理学家已经从牛顿那里知道，只需关心物体两两之间的作用，但这也不过是把方程数量从$2^{10^{23}}$减少到10^{46}。这种简化的效果无疑很显著，但继续简化似乎希望不大。经过一些无谓的尝试，这些物理学家肯定感觉自己就像伊索寓言中的狐狸，总也够不着葡萄。我们知道事实一定是这样的，因为他们解决问题的方式和狐狸一样：决定无论如何都不想了解单个分子。

当然，事实上事情并没有发展成"酸葡萄分子"。我们这样描述这些物理学家的处境可能更实际一些：他们很幸运，没有对那些东西产生兴趣，因为他们解不了那些方程组。这些物理学家包括吉布斯（Gibbs）、玻尔兹曼（Boltzmann）以及麦克斯韦（Maxwell）等。他们继承了一整套观测规律（如波意耳定律），用以描述具有某些可测量特性（如压力、温度和体积）的气体行为。他们相信气体由分子组成，但需要解释这种信念与观测到的气体特性之间的关系。他们的做法是，假定这些有趣的观测特性是分子的一些平均特性，而不是其中某个分子的特性（参见图1-6）。

因为这种平均特性很少，所以这种简化一下子就减少了计算量。而且，关于这些平均值的预测精度很高，因为分子数量特别大，满足所谓的"大数定律"。大数定律实际上是说：观测样本的数量越多，观测值越接近于预测的平均值。

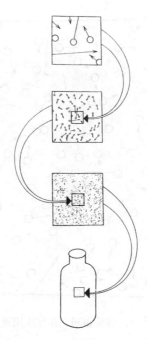

图1-6　有趣的测量值只是一些平均特性

大数定律更精确的表述还能让我们知道根据样本的规模，观测值与预测的平均值有多接近。这方面最有用的经验法则（也是一般系统定律），就是薛定谔的"N的平方根定律"：

> 　　如果我说某种气体在一定压力和温度下具有一定的密度，或者表述为在一定的容积下（与实验条件相关的体积），符合这些条件的气体有n个分子，那么可以确信，如果在某个时刻检验我的表述，你会发现它不准确，其偏离的量级大约为 $\sqrt{n}$ 。也就是说，如果 $n=100$ ，偏离约为10，相对误差为10%。如果 $n=1\,000\,000$ ，偏离约为1000，相对误差为0.1%。现在可以大致断定，这种统计规律具有普遍性。物理以及物理化学规律不是绝对准确的，相对误差的数量级为 $1/\sqrt{n}$ ，其中n为共同体现出这些定律的分子数。针对某些考虑或特定实验，它们让定律在一定的时间或空间（或两者兼有的）范围内有效。
>
> 　　我们再次看到，要得到关于有机体内以及与外界环境作用的比较准确的规律，必须要求有机体具有相当的结构和数量。否则，相互作用的粒子数太少，"规律"就很不准确。最紧要的是平方根。尽管 $1\,000\,000$ 是比较合理的大数，但相对误差为1/1000，如此一来称其为"自然定律"就不是太好了。[8]

（参见图1-7）在这段生动的描述中，薛定谔不仅解释了为什么物理学和物理化学定律如此有效，还给出了一种设计原则。如果有机体也要得到"比较准确的规律"，就要遵循这种原则。现在，我们只对统计方法的适用性和局限性感兴趣，以便研究其他科学技术领域中的问题。

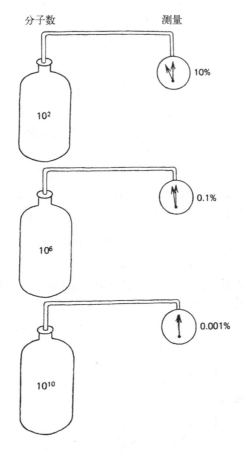

图1-7　偏离是分子数的平方根

统计学方法的适用范围是什么？它与机械力学的适用范围有什么关系？有一种说法称：统计力学面对的是"无序的复杂"，即系统本身非常复杂，但其行为表现出足够的随机性，因此具有足够的规律性，可以进行统计研究。

在泛系统思维中，"随机性"是十分重要的概念，虽然它常常导致与直觉相反的系统特性。在理解机械力学的成就时，我们没有这样的困难，因为虽然"简单性"与"随机性"同样难于把握，但对于初步的近似处理，我们可以用物体的数量来测量复杂性（与简单性相反）。

从直觉上看，随机性是让统计计算结果正确的系统特性。尽管这显然是一种循环定义方法，但它能够帮助我们理解统计学方法的适用范围。让我们考虑一个典型的统计学问题。感冒正在流行，我们想知道流感的传播规律，以便计划分发疫苗。如果每个人被传染的机会均等，我们就可以相当精确地预测发病数量，并计算出接种疫苗的预期效果。但是，如果人群中存在某种非随机性，我们的简单计算就会偏离以前实际的情况。

非随机性可能源自何处？举个例子，乡村中人们的住所分布不是随机的，所以每个人接触传染源的机会不一样。如果是一个简单（小）人群，我们就能精确计算出每个人的传染机会，但正是因为人群的规模不小，我们只能借助统计方法。在规模较小的人群中，我们必须准确地了解人际交往的实际情况，以便计算出传染模式。但在大规模人群的情况下，我们已经放弃了计算准确模式的想法，转而希望计算平均值，这些平均值是由人群结构决定的。因此，正是结构的类型让我们选择一种方法，并放弃另一种方法。

图1-8展示了这个概念，也许有助于我们理解这种情况。图中，我们用横坐标表示人口数量，纵坐标表示个体差异。左下角（区域I）表示一个具有很多结构的小规模人群，它可以用精确计算的方法来求解。在顶部，即横线以上的区域II，具有足够的差异性或随机性，可以得到某种期望的预测精度。两者之间的区域III，因为个体差异很大所以不能进行精确计算，又因为具有结构性（可能因为数量太少）所以不能用统计方法。

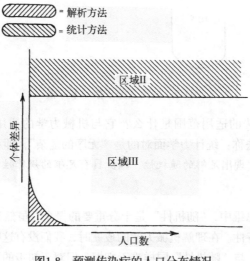

图1-8　预测传染病的人口分布情况

从这个特例转向更一般的情况，我们就得到了图1-9，它只是图1-8换了标签而已。"人口数"概括为"复杂程度"，"个体差异"概括为"随机性"。为了保证论述的一般性，图中没有标出任何数值，我们只关心它的一般特点。

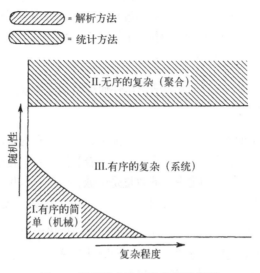

图1-9　按思维方法区分的系统类型

区域I可称为"有序的简单"，属于机械力学或机械论的范畴。区域II是"无序的复杂"，属于种群或集合的范畴。两者之间张着大嘴的区域III是"有序的复杂"，这一区域复杂得不适合精确计算，又有序得不适合统计。这正是系统的研究领域。

1.6　中数定律

> 机械论的观点认为，物理粒子的运动是终极真相，这个观点源于一个崇拜物理技术的文明社会，而这些物理技术至今已导致了许多灾难。将整个世界看成一个有机体，也许这样的模型有助于强化对生命的崇敬。这种崇敬几乎已经消失在人类历史近几十年的残暴中了。[9]
>
> ——路德维希·冯·贝塔朗菲（Ludwig von Bertalanffy）

虽然技术常常带来科学发现，但是技术背后的哲理常常源于同时代的科学理念。当今社会，机械技术得益于机械力学的启发，通过减少相互关联的部件而降低复杂性。另一方面，管理技术得益于统计力学的成果，将人群仅仅看成无结构的群体之中可互换的单元，通过取平均值来简化。正如贝塔朗菲指出的，这些哲理的产生可能正是由于缺乏科学手段来处理那些位于两极之间的系统，即位于广阔无人区的中数系统。

对介于小数和大数之间的系统，两种经典的方法都存在致命的缺陷。一方面，计算的平方定律指出，不能用解析的方法求解中数系统；另一方面，N的平方根定律警告我们，不要对平均值期望太高。于是，结合这两个定律，我们得到了第三个定律，即中数定律：

对于中数系统，我们可以预计它与任何理论都或多或少地存在很大的波动、不规则性或偏差。

中数定律的重要性不在于它的预测能力，而在于它的应用范围。好的机械力学系统和统计学系统实际上很少，包围着我们的其实是中数系统。计算机的部件个数是中数，细胞中酶的数量是中数，组织机构里的人数是中数，人们的词汇量是中数，森林中的树木、花草、鸟儿的数量也是中数。

像一般系统的大多数定律一样，我们在民间传说中也发现了中数定律的一种形式。转换成我们的日常经验（我们既熟悉这样的系统，又对它们的表现无奈），中数定律就变成了墨菲定律：

凡是可能发生的，都会发生。

科学在其选定的领域内取得了巨大成功，这让很多科学家和政治家误以为科学能有效处理所有的系统。但科学像我们所有人一样，对中数系统无能为力。科学，不能因为其是科学而受到指责，就像不能因带锯无法修理指甲而指责它一样。带锯是一种很有用的工具，但不适合某些任务。

科学也是很有用的工具，而且可能是人类发现的最有用的工具。即使最狂热的自然主义者也不会拒绝尝试所有的科学成果。但是，科学的成果是简单的成果，或者更准确地说，是简化的成果。例如，社会科学家把我们看成人性的巨大集合，以便规划我们的总体需求；而工程师为了满足这些需求，将少数的零部件组合成大机器，其主要原则是避免零部件之间产生过多的互动。

许多社会弊病源于这些简单成果用得太好：将丰富的手段用于赤贫的地方。但更多的弊病（也许包括这些赤贫的地方本身）源于大量使用不充分的技术，试图达到技术根本达不到的效果。我们必须开始正视仓促的技术手段的局限性，因为它的主要方法是压制中数系统。

考虑将简化的方法用于大型电子装置，例如计算机。每个晶体管都遵循同样的物理规律，制造时极其纯净，这样物理规律就能在其中体现。这样的部件虽然可能包含10万个晶体管，但很少会带来麻烦。另一方面，麻烦常常发生在这些晶体管相互连接或与其他部件相互连接的地方。为什么？因为在制造晶体管时，为了保证纯度，已经充分排除了物理应力、灰尘污染以及杂质等问题。

我们的技术已经将这种功能分解发挥到了极致。只要设计师能超越它，就能开发出一种全新的技术。经常有人意识到，某个设备不只是部件的组合，还是部件与部件间关系（连接）的组合。然后人们就创造出具有新水平的设备（例如"集成电路"），而由于相互的连接不再存在，以前的部件就丧失了独立性。结果，这种新设备又成为新思维方法的一个"部件"，而部件的连接处又成为系统中最薄弱的部分。

既不能轻视也不能高估功能分解。分解不是牢不可破的真理，它只是便于人们克服自身能力的不足，无论是科学还是工程技术都是如此。正如一般系统运动的精神领袖D'Arcy Thompson所说的：

> 在分析事物的部件或特性时，我们倾向于夸大那些明显的独立性，而（至少在一段时间内）忽略组合体所具有的本质上的整体性和个性特征。我们将躯体分解成器官，将骨架分解成骨骼。心理学的教学也采用了相似的方法，将思维主观地分解成组成因素，但我们非常清楚，判断或知识、勇气或温柔、爱或恐惧并不会独立存在，它们只是最复杂的整体的某种表现或想象中的系数。[10]

世界是一个整体。关于世界的知识划分，就像将设备分解成部件，将躯体分解成器官，将地球表面分解成行政区域。在某些情况下，这样做有好处，但我们往往走向极端。最终，我们革命性地合成了许多新的知识，产生了新学科，如电磁学、物理化学、社会心理学，可能还有植物心理学，也可能产生新的政治形态，创造新的经济、文化和社会形式。

生物学和社会科学不像物理学那样"成功"，它们不能随意将眼前的世界切割成小块，因为它们拿到的东西是不可分割的。解剖学家取得了一些成功，但我们对某人被分解后的行为不感兴趣。社会学家的成功更小，因为他们的主要兴趣是具有中数系统特性的"人性"，如果系统被分解、抽象或平均化，它的特性就不复存在。如果行为科学家试图通过平均化来理解"个体"，个体的特性就会被分摊殆尽。如果试图分离出个体进行研究，他们又割断了研究对象与其他人或世界其他部分的联系，个体仅仅成为实验室的人造物，而不再是人。

人类的历史并不长，大部分时间，周围的物理环境只是间接地、部分地受人类控制。最近，人类借助科学来加强控制，并沉迷于科学带来的快捷成功，因而没太在意分析和求均值之外的后果。因此，我们预期未来能够更好地掌控环境以及人类自身。

但这种掌控似乎往往伴随着悄然蔓延的奴役。也许我们开始觉察到，把系统看成部件的组合、把个体看成对平均值的贡献所带来的后果。也许我们已接近科学和技术有用性的极限，因为科学技术的哲学基础是局限于小数系统和大数系统的技术。

当然，如果原则超出其应用范围，一般系统运动本身也同样会被滥用。一般系统思维不是要得到对中数系统的控制方法（我们可能想象会拥有），它的主要贡献很可能是限制对复杂系统过度应用其他方法。要想改变"人类历史近几十年的残暴"这一趋势，我们仍然不得不采用更多的综合方法。我们已经知道怎样把草原变成荒漠、把湖泊变成污水坑、把城市变成坟墓。我们能否来得及扭转？

1.7 思考题

1. 经济学

维尔弗雷多·帕累托（Vilfredo Paredo）在其著名的 *Manuel d'Economie Politique*（《政治经济学手册》）中提到，一般均衡理论应用于有100个人、700个商品的系统，至少需要解70 699个方程。这些数据是怎么得来的呢？它与人和商品的数量是什么关系？这对帕累托的理论意味着什么？如何让该理论避免如此大量的方程？

2. 社会心理学和社会学

研究社会群体结构时，人们经常采用所谓的社会计量方法，其来源可能是经济学中的"计量经济学"方法。该方法由莫雷诺（J. L. Moreno）在他的 *Who Shall Survive*?（《谁将生存下去》，1934年英文版）一书中首次提出，并被后继者推广应用到其他很多领域。本质上，这种方法考察群体中所有两人间的相互关系，可能有多个维度，比如喜欢/不喜欢、交互/逃避、

第❶章 问题

18

重要/无关等，从而决定他们之间联系的强度或质量。要有效地采用这种方法进行研究，对系统的规模有什么限制？这种限制会不会成为社会心理学和社会学的分界线？在什么特殊条件下，可以用这种方法来研究更大的群体？

3. 力学

物理学的巨大成功取决于对复杂系统的简化，如果有人对此仍有怀疑，我们只需考虑三体问题。在已经完全解决的二体系统中，一旦加入第三个物体，一般来说是无法求解的。尽管一个高中生就足以求解二体问题，却很难求解三体问题。1969年，在英国伯明翰召开了一次物理学国际会议，探讨"核物理与粒子物理中的三体问题"，这足以说明该问题的难度。尽管只是处理三体问题的一些特殊情况，会议论文集还是收录了70多篇论文，当然，这个问题仍未解决。如果你对应用物理学处理复杂系统所取得的成功感兴趣，应该准备一份报告，总结这次会议。

参考：J. S. C. McKee and P. M. Rolph, Eds., *Three Body Problems in Nuclear and Particle Physics*, Proceedings of an International Conference. Birmingham, England, July 1969, New York, Elsevier, 1970

4. 考古学

看似简单的东西其实很复杂，考古学就是最好的例子。从我们大多数人不感兴趣的一块石头中，考古学可以推断出一个已消失的社会的全貌。*Archaeological Chemistry: A Symposium*收录了15篇论文，从不同角度介绍了考古学家如何从少量的物质中提取信息。考古学家的这些工作与理论物理学家相比如何？他们有哪些共同的简化？有哪些不同的简化？

参考：Martin Levey, Ed. , *Archaeological Chemistry: A Symposium*. Philadelphia: University of Pennsylvania Press, 1967

5. 热力学（热力学统计）

在常见的物体三态中，气态是物理学家最早理解得较为深刻的一种物态，这也许是从波义耳定律开始的。最近，物理学家也开始逐渐了解和掌握晶体。但液态仍然是人们最不了解的一种物态。请参照中数定律对三态的认识顺序加以讨论。

6. 运筹学

"计算的平方律"中的"计算"，不一定是普通意义上的"方程求解"。计算机仿真就是一种计算方法，它不需要明确写出方程。假设我们要仿真一条生产线，也许是汽车厂的装配线，或者是炼油厂的分馏车间。根据计算的平方律，仿真中的哪些改变会导致计算量增长？在此过程中可能发现哪些因素来细化仿真模型，而不是按照平方律来简单地增加计算量？

参考：Thomas H. Naylor et al., *Computer Simulation Techniques*, New York, Wiley, 1966

7. 科学的"科学"

错误地为研究领域命名的现象非常普遍，以至于产生了一般系统的一般定律。例如，弗兰克·哈拉里（Frank Harary）曾向我建议这条"定律"：任何带有"科学"一词的领域，肯定不是科学。他给出的例子有军事科学、图书馆科学、政治科学、家政科学、社会科学和计算机科学。请讨论这个规律的一般性以及它为何具有一定的预测能力。

8. 诗歌

泰戈尔说过："你摘下了花瓣，却摘不下花的美丽。"很多诗人因赞美完美和复杂而闻名。请选择一位诗人和他的几首代表作来讨论中数定律。

9. 神经内分泌学

几年前，一些解剖学家还认为松果腺（当时称为"松果体"）毫无用处，可能是因为它的体积太小了。今天，情况发生了彻底的改变。观察者发现这个小小的组织对中脑、下丘脑以及脑垂体来说十分重要，它参与合成了各种生物酶和其他重要物质，改变了大脑的活动和行为。请参考科学的简化原理，讨论对这个器官逐步了解的过程。

参考：G. E. W. Wolstenholme and Julie Knight, Eds., *The Pineal Gland*. Baltimore: Williams and Wilkins, 1971

10. 乌托邦思潮

流行思潮吸收当前的科学哲学，乌托邦式的写作是最好的例子。法国哲学家圣西门生活在19世纪初期，他影响了当时许多乌托邦思想家。他的工作在统计力学兴起之前受到的完全是牛顿力学的影响。他甚至认为，上帝选择了牛顿而不是教皇，向人类传递其神圣的旨意。圣西门对社会主体之间的"万有引力定律"特别感兴趣，他显然想让人类社会像太阳系那样和谐。

追踪乌托邦思潮的演进以及同时代主要科学哲学带来的影响，这是件令人着迷的事情，会遇到许多意外的历史分支。

参考：Edmund Wilson, *To the Finland Station; A Study in the Writing and Acting of History*. New York: Harcourt Brace, 1940

1.8　参考读物

推荐阅读

1. Ludwig von Bertalanffy, "The History and Status of General Systems Theory." *In Trends in General Systems Theory*. George J. Klir, Ed. New York: Wiley, 1972.
2. Karl Deutsch, "Mechanism, Organism, and Society." *Philosophy of Science*, 18, 230 (1951).

建议阅读

1. Erwin Schrödinger，*What is Life*? Cambridge: Cambridge University Press, 1945.
2. Kenneth Boulding, *The Image*. Ann Arbor: University of Michigan Press, 1956.

第 2 章
方　法*

> 答案何在？——不要被梦想迷惑。
> 文明史上许多的暴君，都曾将文明撕破。
> 公开出现的暴力，是不可避免的恶魔。
> 最重要的是选择——体面地回避，还是宁要丑陋中的罪恶？
> 要保持人格的完整，须得仁慈，洁身自好且远离罪恶。
> 普天之下的公正与幸福只是痴人说梦，
> 不要被它愚弄与诱惑。
> 部分之丑陋，无损于整体之美满祥和。
> 断臂是丑陋的，脱离星球和历史的人，
> 无论沉湎冥想还是付诸行动，其丑陋更加令人作呕。
> 完整即完美，有机之完整、生命和万物之完整是美之顶峰，我们须仰天高歌。
> 热爱她而不是热爱人类吧，否则——
> 人类的末日来临之时，你就会堕入绝望的深渊，守着人类可怜的困惑。[1]
> ——罗宾逊·杰弗斯（Robinson Jeffers），"The Answer"（答案）

---

* 本章的基调是在20世纪60年代初定下的，那时我与肯尼斯·伯丁（Kenneth Boulding）一同度过了很长时间，一起在密执安大学教授一般系统课程。10年后，我读到他的文章 "General Systems as a Point of View"（一般系统是一种观点）[10] 时，意识到我与他的思想是分不开的。因为他比我聪明得多，所以你可以放心地认为本章与他的文章一致的地方，都是他的观点。又由于他比我写得好，我强烈建议你去读他的文章，甚至可以替代阅读本章。

2.1　有机体、类比与活力论

　　通过发现一般规律，一般系统运动试图帮助我们思考中数系统。虽然这些规律采用非正式的表述形式，以便促进记忆和最初的理解，但一般系统方法的实质是坚持让这些规律在必要时得到严格定义的模型和操作的支持。在一定程度上，这种坚持是对以前中数系统研究方法的坏名声的回应，这些方法大部分可以归入有机论。面对有序复杂的系统，一些思想家试图以生命系统为模型，将生命系统的知识类推到其他系统，以获得某种处理复杂性的手段。

　　例如，赫布斯（Hobbes）把国家这种"政治躯体"对照为一个巨人的身体，其各个器官代表了各种政府机构。拉马克（Lamarck）认为植物和动物具有某种"智能"，能指导它们的进化（参见图2-1）。这种类比的困难首先在于缺乏类比对象的实际知识。赫布斯对生理学的了解既不准确也不完整，他又怎能指望从人体得到关于国家的有用结论呢？拉马克当然不比今天的我们更了解"智能"，那么基于他的进化模型，我们又能有什么收获呢？所以现在的许多建模实际上走的是另一条路。[3]

图2-1　拉马克认为植物具有某种"智能"，能指导它们的进化

实际上，有时候我们可以对一个不太了解的系统进行建模，并从中得到启发。如果知道类比对象的某些知识，新鲜的观点可能会有帮助。至少，类比对象可以触动我们的头脑——天知道，我们的头脑需要这样的触动。不过，有机论类比实际上没有那么缜密，它的方法要么类比不严密，要么对类比对象了解不多。系统思想家希望通过尽可能严谨的模型来避免这些问题。

没有这种严格的要求，人们就很容易忽略模型中那些不和谐的部分——那些让有机论者受到严厉诟病的部分。但话又说回来，只要不把模型太当真，这种做法就不会太危险。我们没有创造世界，我们只是创造了模型。不管反对者怎么说，有机论者是这样做的，画家是这样做的，科学家也是这样做的。

任何模型，都是用我们认为已经了解的一种东西，去表示我们认为想要了解的另一种东西。推理的过程可能有上百步逻辑，也可能只是一个类比，但最终总是会得到我们认为无需继续深究的一些原语。科学要具有解释"能力"，这些原语不能太大，也不能太小。例如，万物有灵论者将每个物体的行为归结为它的独特精神：树倒了，那是树的精神使然；岩石没有移动，也是岩石的精神使然。在西方宗教中，这样的解释不能令人满意。

有些人热衷于把所有的事情归结为单一的原语。树倒了，那是上帝要它倒的；岩石没有移动，那也是上帝让它这样的。然而，如果一种东西能解释一切，也就等于什么也没解释。至少，这是科学的观点，而这也正是有机论与科学家有矛盾的原因。

机械论者声称，所有现象都可以归结为物理原语或物理和化学原语。他们并没有真正针对"所有现象"展示这一点，而只是这么说。一些有机论者针锋相对地指出，并非所有现象都可以归结为这些原语，因为对生命系统的分析必须止于某种所谓的"生命原动力"或"活力素"。"活力素"本质上并不比"质量"神秘，但有机论者却把所有不懂的东西都归结为活力素。这意味着活力素实际上并不能解释任何现象，因为，像上帝一样，它解释了所有现象。

无论这种解释性的原语还有什么用，它都不鼓励科学探索。科学就是研究一些东西，这些研究又可以归结为研究另一些东西。换句话说，科学实质上就是简化，而简化论者声称活体论者不科学，他们在这一点上是对的。简化论者一将"有机的"现象简化为物理或化学原语以支持他们的观点，"有机论"的支持者就仓促撤退了。

然而，必须指出，简化论者还没有成功地把一切现象都归结为物理和化学原语。他们到底能不能成功，这是一个纯粹的哲学问题，而不是科学问题。毕竟，现实世界中仍然存在着许许多多的中数系统（其中一些根本不是"生命系统"），用物理或化学原语都无法"解释"。其中有相当多的系统我们无法视而不见，只能坐等简化论者来简化。

简化论说到底还是一种信念，它驱动科学家进行某种调查，让他们坚信因此能更好地"理解"世界。但是，物理学家不会按照他的简化论信条生活。他也不会先把菜单上的食物简化成"长度–质量–时间–电量……"，再决定晚饭吃什么。相反，他采用了其他的原语，如"色–香–味–价格……"这样的单位系统。在实验室工作时，他也不是依靠他最原始的原语。他用了某个支架，因为它很"坚固"，或者用了某个计量尺，因为它很"稳定"。这时候，物理学家用的是万物有灵论者的类比，但他可能仍然在进行出色的物理学研究。

我们想说的是，在倒掉活力素这种洗澡水的时候，不要把有机思维这个婴儿一起倒掉。活力论不是进行思考的处方，恰恰相反，它宣告某些东西无需再加思考。另一方面，有机思维依赖于类比，这是牛顿之前和之后的每一位物理学家都运用的方法。科学史上每一位重要的思想家，都曾依靠有用的类比，简化了某些思考步骤。重要的是，如果实际情况需要我们继续前进，我们就不能止步于简单粗糙的类比，而应将它打磨成精确、清楚且具有预测能力的模型。

现今，人们对生物系统的了解已经远胜于100年前，所以如今的有机类比可能会有更多成果。然而，一般系统方法不必局限于有机类比。只要我们能把科学模型简化为明确的形式，就可以通过与科学类比，在所有其他领域中建立模型（但这种类比应具备已知的数学特点）。因此，我们希望理解和探讨各个领域的思想家应用类比的方法，并且他们会在需要的时候将类比转化成模型。

2.2 科学家及其分类

> 人类本质上是形而上学而又骄傲的。他们甚至认为，自己头脑中产生的与其感觉相符的种种空想，是对客观世界的真实反映。[4]
>
> ——克劳德·伯纳德（Claude Bernard）

为了发现不同学科在思维上的共性，我们不得不提出许多认识论问题，如"我们如何知道我们知道什么"。但我们不打算采用哲学方法来处理这个问题，而是采用实用的方法。也就是说，我们不问"我们如何知道我们知道的东西是正确的"，而是问"我们自认为是知识的那些东西是如何获得的"。换句话说，我们的兴趣在于思维如何进行，不关心如何证明这种思维的对错。

许多思维完全以个人的、特殊的方式进行，以至于我们无法交流思维的过程。不过，也存在许多明显的思维类别，还有一些可以通过适当的内省揭示出来。幸运的是，我们的兴趣更偏向"科学的概念模式"而非"疯子的错觉"，所以可以基于公众行为的某种测量开展研究。

在所有的科学家中，人类学家在研究自然进化的社会群体的概念模式时，和我们的工作最为接近。不过，共同工作的人们会发展出亚文化，其中也能发现概念模式。群体采用一组共同的标准思维类型（通常表现为专门的词汇和短语），从而可以简化内部交流过程。但矛盾的是，这些内部交流的思维类型越有效，用来与外界交流也就越困难。

当人类学家试图以"参与者—观察者"的身份进入某种文化时，她*就会遇到类似的问题。要想成为"参与者—观察者"，首先必须成为参与者，这至少要学点当地的语言，实际上主要是要学习各种非语言的交流方式。[5]同样，要融入某种工作亚文化，首先需学会这个亚文化的思考和交流方式。

在现代的工业化社会中，大多数人都在各式各样的团体中生存，所以我们不仅学会了各种亚文化模式，还学会了如何轻松地从一种模式转换到另一种。物理学家从天体力学语言转换到汽车修理语言时，通常没有多大困难。只有他确实遇到困难时，才可能会说这些类型模式妨碍了交流。而且在他这么说时，大概会把这种困难归因于汽车修理这一"陌生"的语言。人类学家将这种偏见称为"民族优越感"。

民族优越感的一种表现，就是认为自己的文化"优于"那些自己不了解的文化，甚至认为那些土著居民"不能理解我们，尽管我们正说着清楚标准的英语"。只要我们将"白种人的责任"带给当地居民，他们就会把我们当成领袖，甚至奉为上帝。毕竟，"在盲人的国度里，独眼人就会成为国王"。

不过，事情并非总是如此。正如威尔士（H. G. Wells）在小说《盲人国》（*The Country of the Blind*）里描述的一样，一个独眼人偶然进入了盲人王国

---

*如果这个句子中的"她"让你有点吃惊，你的一种思维类型就体现出来了。

却没有成为国王，因为他几乎没有用，甚至被视为疯子或病态的人。由于思维类型系统在社会团体中所具有的重要性，拥有"更好"系统的外来者不一定能够成为领袖，完全掌握了内部系统的内部人才会胜出。如果这样的"领袖"人物被派到其他系统中去，他的"与生俱来的天赋"将消失无踪，并且很可能沦为严重的残疾人。

另一方面，有些人很难融入自己与生俱来的团体，却常常能相当成功地融入其他文化。举例来说，人类学者就是这样一种人。他们非常善于融入各种异国文化，可是一旦回家，总是不能很好地适应：在家吹毛求疵，在外却如鱼得水。

科学中的各学科也形成了各种社会团体，因而也会产生内部交流所使用的类型模式。托马斯·库恩（Thomas Kuhn）在《科学革命的结构》（*Structure of Scientific Revolutions*）[6]一书中，开始研究新的思维模式如何取代旧的模式，思维模式如何代代相传，以及思维模式如何促进和阻碍科学进步。特别值得一提的是，他区分了"常规科学"（在当前的模式下工作）和"科学革命"（模式本身受到冲击）。

如果把思维类型模式的观察推广到科学领域，那么"科学带头人"就是那些最不可能取得科学突破的人。库恩得出的这个结论与马克斯·普朗克（Max Plunck）在*Scientific Autobiography*[7]中的所述不谋而合：

> 新的科学真理获胜，往往不是因为说服对手，让他们看到光明，而是因为对手最终死去，熟悉新真理的一代新人逐渐成长起来。

平均一位科学家最多做出一项重要创新。即使他有能力在自己的思维类型系统中做出一项变革的同时，还能做出其他变革，成功也会使他成为公认的领导者，而在其他变革中收获甚微。

矛盾的是，某些科学家在不同的领域中都获得了成功，但这不是因为他们改变了个人的思维模式，而是将自己的思维模式原封不动地从一个领域搬到了另一个领域。殖民者不一定掌握殖民地的思维类型系统，却仍然能借助全新的统治方式成为统治者。他不需要学会当地的语言，只要全城只有他有一支枪和大量子弹，并且愿意开枪打人。

在英格兰建立大英帝国的时候，肩负白人责任的英国年轻人在家里少有成功。他们可能有天赋，但僵化的社会体制没有给他们提供空间。同样，无论是缺少天赋还是缺少空间，有些人在自己的学科中难以取得成功，于是将思维模式带到其他学科中去。但是，这些"交叉学科研究者"一般不是我们所谓的"通才"。他们就像鼹鼠，对一件事了解得十分透彻，再一次次地把它运用到他们遇到的任何学科中去。

与此不同，通才就像狐狸，知道很多东西。人类学家没有枪，却能学会在多种文化中生存。同样，某些科学家也能够设法适应几个学科的思维模式。他们是怎样做到的呢？每问及此，他们都表示坚信科学中存在内在统一性。他们也只有一种思维模式，但起点很高。拥有这种思维模式的人认为，不同领域的思维模式非常相似，尽管它们的表达形式常常不同。

肯尼斯·伯丁（Kenneth Boulding）曾经把通才比作来到曼谷会想到匹兹堡的旅行者，因为二者都是城市，都有街道和居民。像旅行者一样，通才消除了自己对陌生之地（陌生的思维类型系统）的恐惧，转向越来越高的一般性，直到所有事物都遵循熟悉而舒适的秩序。一般系统思维中这种逐渐向上的方法，与人们最初产生思维模式的做法一样。

形成思维类型系统时，最危险的错误就是认为一种思维模式比另一种更"真实"。例如，地球上很多地方都能看到天上的星星这种"客观"景象，而每种文化似乎都有一些办法，把这些星星看成熟悉的物体，可能是动物、人或厨房用具。尽管每个系统都不同，但每种文化都"真实地看到"了自己的景象，他们常常崇拜某些星星，并且显然无法"看到"其他文化中的景象。天文学家也声称发现了天空的真实秩序，但是我们如何评估他们的说法相对于其他说法的优点呢？如果我们要求"有用"，那么任何一种文化的"真理"都不输给其他文化，因为谁都不理解别人的系统，更谈不上有用了。如果我们要求某种内在的"真实"，那么我们就在进行宗教争论，又如何判定不同宗教的说法呢？

从心理学上来看，坚信自己学科的真理对科学家而言可能很重要。但这种信念只会减少他取得科学突破的机会，或者转到其他学科的机会。对于跨学科的传教者来说，这种信念更为重要。但就像枪阻碍了新来者与当地人的交流一样，跨学科学者的单一思维模式将妨碍他在新的领域中学习。

要想成为一个出色的通才，对任何事情都不应该怀有信念。罗素指出，信念就是没有任何证据却相信某事。信念中的任何条条框框都会阻碍思维的自由，从而阻碍通才在各个学科之间自由穿越。赖欣巴哈（Reichenbach）[8]说：

推理的力量不在于推理如何用规则来指导我们的想象，而在于让我们从经验和传统的规则束缚中解放出来。

2.3 一般系统信念的主旨

对于刚刚开始职业生涯的年轻人，我的忠告是，用新鲜的、不教条的、没有偏见的头脑，去思考大事情的主要轮廓。[9]

——H. 塞里（H. Selye）

但是，人不能脱离信念而存在。没有信念，我们寸步难移，因为不知道前面的地面是否能支撑我们的体重。我们甚至不能站得很直，因为不知道脚下的土地是否坚实。一般系统方法不会让我们无需信念，只是设法用一组信念补充另一组信念，以期在有些时候更加有用。

在什么基础上，一般系统思维肯定会有用呢？首选答案似乎是伯丁所谓的"一般系统信念的主旨"：

经验世界的秩序本身也有秩序，也许可以称为二阶序。[10]

关于通才，伯丁说：

如果他发现规律时会高兴，那么他发现规律的规律时就会狂喜。如果他认为规律是好的，那么规律的规律就是美味且最值得追求。

这种信念，这种饥渴，可能徒劳无功。但如果二阶序确实存在，那肯定对寻找一阶序的人有用。

从某种意义上说，一阶序是二阶序的基础，发现一般系统规律的主要方法是归纳。一般系统研究者从不同学科的规律开始，寻找其中的相似性，然后向世界宣布新的"关于规律的规律"。各学科的一般规律就只是其特例了。

通过归纳进行一般化处理的威力在于，我们能够运用一般规律针对未曾观察到的情况得出某些结论。这也是通才能从一个学科转到另一个学科的原因。每一次成功都会让人们增强对二阶序的信任程度。

因此，一般系统信念的主旨并不完全基于信念。当然，信念是必要的，因为不是每次学科间的跳跃都能成功。为什么？因为归纳不可能永远有效。就算通才看起来像在驾驶一架最一般的飞机，但和所有科学家一样，他只是在应用归纳的结果。哲学家们曾经花了很长时间试图证明归纳法一定有效，但现在聪明的哲学家已经放弃了这种努力。赖欣巴哈[11]说：

> 如果我们想建立一般真理，就需要归纳法，它包含了对未曾观测的事物的参考。因为我们需要它，所以就愿意承担它出错的风险。

但我们为什么不更谨慎一些？为什么不等待更多的证据？原因在于知识呈爆炸性增长，而我们的大脑受到计算的平方律的限制。伯丁说：

> 当今社会，即使是那些新新人类，他们的知识也只是人类知识的极小一部分。因此，一般系统学者经常在黑暗中跳跃，经常在没有足够证据时得出结论，结果实际上经常做傻事。确实，愿意做傻事几乎就是进入一般系统研究界的必要条件，因为这种意愿常常是快速学习的先决条件。[12]

要成为成功的通才，我们必须用一种天真、简单的态度研究复杂系统。我们必须像儿童那样，因为有充分的证据表明，儿童就是用这种方式来理解许多复杂思想的：首先形成有关总体的大致印象，然后再深入具体的差别。皮亚杰（Piaget）这样描述他的观察结果：

> 一个不认识字母和音符的四岁孩子，通过一天或者一个月的观察，就能简单地根据题目和那页书的样子，分辨出书中不同的歌曲。对他来说，书中的每一页都代表了一种特别的模式，但对我们来说，每一页的形式都差不多，因为我们看到的是每个词或每个字母。[13]

由于识字，成年人可能丧失了研究部分之前先抓住整体的能力，这种能力被他们在读写方面的高级分析能力掩藏起来了。不过，成年人还是保留了一些语言之外的能力。我们可以认出一个熟悉的街区，即使没有任何标志，也能感觉到某些东西发生了变化，即使我们说不出来。

根据前面的分析，我们肯定会犯一些错误。我们常常误以为曾经到过这个街区，而进一步的分析可能证明我们错了。但在科学中，正如塞里所说："枯燥乏味的理论与错误的理论差别非常大。"[14]在一个有点熟悉的环境中迷路时，我们需要利用总体印象，快速导向更为熟悉的环境。如果我们发现走错了街区，这个错误就会被纠正。如果我们非要查看每个街区的每个门牌号码，就赶不上晚餐了。

任何方法，不论是分析方法还是综合方法，都不能确保在寻求理解时不犯错误。每种方法都有一些有特点的错误。基于对二阶序的信念，我们大跨度地跳跃，往往完全错了，但至少能很快发现。如果时间是重要的因素，那么慢而对的分析方法所能保证的，就只有无法按时完成任务了。雷利爵士（Lord Rayleigh）曾说：

> 精心设计的实验的结果常常被视为新发现并以"定律"的形式被提出。其实经过几分钟的思考，人们就可以事先预测出来。

这就是分析所固有的错误。虽然从长远来看，耐心总会有回报，但就像凯恩斯所说的，长远来看，我们都会死。所以，一般系统方法会吸引那些没有耐心等待精确方法的人，但仅仅没有耐心是不够的。要想成为出色的通才，必须学会忽略数据，只看事物的"概貌"。

看看一个完全相反的例子，也许更能理解这种方法的实质，这就是韦特墨（Wertheimer）[15]笔下的奥地利督学：

> 故事发生在奥地利帝国时期摩拉维亚的一个小村庄。一天，教育部的督学来检查这里的学校。这种例行检查是他职责之内的事情。快要听完一节课时，他站了起来，说："看到你们都学得很好，我很高兴。班级很好，我对你们的进步非常满意。所以，在离开之前，我想问大家一个问题——谁知道马有多少根鬃毛？"令督学和老师感到吃惊的是，一个九岁男孩很快举起了手。他站起来回答："马有3 571 962根鬃毛。"督学惊讶地问："你是怎么知道的呢？"孩子答道："你要是不相信我，就自己去数一数。"督学大笑起来，对孩子的表现非常欣赏。老师沿着走廊送督学出门时，督学还一直笑个不停，他说："多有趣的故事啊！回到维也纳，我一定要讲给同事听。我甚至想得出他们会有什么反应，他们最喜欢幽默故事。"就这样，督学离开了学校。
>
> 一年后，督学又来这所学校进行年度检查。在送督学出门的路上，老师停下来问道："督学先生，顺便问一下，你的同事听完马鬃毛的故事后反应如何？"督学拍了拍老师的背，"哦，"他说，"你知道我是多么想快点给他们讲这个绝妙的故事，不过我没讲成。回到维也纳之后，我死活也想不起马到底有多少根鬃毛了。"

2.4 一般系统规律的本质

> 有人会反对，说这种基于过度简化的敏锐和清晰包含了一些曲解或错误表述。但这就像是教师面对的永恒悖论：教事实和图表，还是教真理。要教一个模型，教师必须采用具体的图表，并清楚地说明一些根本看不到的东西。学生们必须"学习"一些东西，以便以后意识到，那些东西并不太像他学到的样子。但到那时，他已经抓住了事物的本质，从此开始接近真理。他会用一生的时间不断地修正，不断地接近真理。[16]
>
> ——卡尔·曼宁格（Karl Menninger）

至此，我们已经讨论了类比、思维类型系统、一般化以及一般系统思维的其他一些工具。现在我们要解释一下本书对"定律"的使用。开始之前，我们有必要回顾一下科学定律的某些方面，这些是标准著作不太强调的。

具体说来，我们要记住：

> 科学断言的模式是"如果……那么……"。[17]

我们常常忘记科学定律是有条件的，因为它们常常用非常简单的方式表述，即省略或简写了"如果……"部分。这一部分必须省略，因为如果我们认真地全部写出来，就太长了。例如，热力学第一定律的一种表述是：

系统中的总能量守恒。

我们可以用操作术语细化这个表述，像下面这样：

> 如果一个系统的能量既没有进也没有出，如果我们对它的总能量进行测量，在测量过程中也没有能量进出，那么每次测量都会得出一样的值。

这个表述还可以进一步细化，但这样已经足够冗长了。这肯定比前面的表述更难记住，而进一步细化的情况就更糟了。

有时候，我们依然需要非常精确地表述"那么"成立的"如果"条件。例如，假设我们真的测量一个系统，并发现每次结果都不相同，我们就可能得出下面某个结论：

第 ❷ 章　方法

(1) 能量守恒定律不适用于本系统；

(2) 有能量进出；

(3) 测量不准确。

最大的可能是我们仍然坚持能量守恒定律，因为定律代表了以前许多实验的结果。虽然从理论上说，一个反例就能够迫使我们拒绝接受能量守恒定律，但实际上我们恐怕不会这样做。

首先，我们最有可能怀疑自己的测量。在这个例子中，能量守恒定律将作为规则，来定义"总能量的测量"：

> 如果一个系统没有能量进出，如果我们对该系统的某个属性进行测量，过程中也没有能量进出，如果被测的属性不是常量，那么这个属性就不是系统的总能量。

或者，我们可以断定有能量进出该系统。在这种情形下，能量守恒定律就成为"封闭系统"定义的一部分，或者提醒我们去寻找"开放"之处：

> 如果我们对系统的总能量进行测量，而且发现每次测量的结果都不同，那么就说明系统不是封闭的。

更激进的做法是改变"总能量"的定义，以便保持该定律不变。爱因斯坦提出了著名的质能守恒方程，他实际上就是这么做的，从而保持了该定律不变。

$$E = mc^2$$

这个方程的意思是，物质可以转化为能量（反之亦然），或者说物质是能量的一种形式。第二种说法保持了能量守恒定律不变。第一种同样也保持了定律不变，但增加了一个"如果"条件：

> ……如果系统中没有发生物质和能量的转换……

现在，我们看到了定律在科学思维中的不同作用。它们描述了测量导则，定义了定律中的术语，提醒我们寻找以前未曾留意的东西，并且预测未来的行为。它们也成为了某种焦点，可以围绕它讨论测量方法、术语的意义，并探索解决问题的技术。同一条定律可以做所有这些事情，当然，显然不是同时做。要学习科学的思维，不只是要记住定律，而是要知道什么时候以什么方式运用什么定律。

如果一条定律包含许多条件关系，就很难记住何时该用它，因为每一个条件都限制了定律的适用范围。定律中条件越少，它就越通用。添加条件还是改变术语定义？当我们面临这样的问题时，通常会选择重新定义术语。因此，能量守恒定律号称经受了上百年的考验，其实是不断修改的能量定义拯救了它。

如果发现测量结果与成熟的定律不符，不到最后我们不会修改定律。这与一个反例就能推翻一条科学定律的印象刚好相反。实际上，我们可以提炼出一个新的一般系统定律：

如果事实和定律冲突，那么拒绝接受事实或改变定义，但是绝不要抛弃定律。

这可以称为定律保护定律。

科学遵守定律保护定律，因为科学定律中包含了太多有价值的信息，在发现它"失效"时不能简单地将其抛弃。但是，在存在过程中，科学定律会被大量的条件、定义和特例淹没。最终，它们将失去原有的特点，不再是对归纳知识的简略总结，尽管对于涉及面越来越窄的问题，它们能够给出更准确的答案。

本书采用了"一般系统定律"，其目的不是给出答案。因此，它们偶尔也会出错。我们假定，要想从一般系统定律中获得精确的结论，就必须充分考察其内在含义。因此，我们不是给一般系统定律加上各种限定条件，让它们更精确，而是保持它们原有的简洁特点，让它们更好记。而且，只要有可能，我们会采用隽永的短语和吸引人的名字，方便大家记忆。也许我们称之为"格言"更好，不过"定律"是一个很吸引人的名字。

出于某种未知的心理学原因，最好记的定律采用禁止、矛盾，甚至是悖论的表述方式。能量守恒定律的另一种表述是：

不可能造出永动机。

当我们发现热力学第一定律不能排除某些类型的永动机时（虽然第二定律可以排除），就修改了永动机的定义，改成现在所谓的"第一类永动机"。当然，这意味着我们所谓的"第一类"永动机就是第一定律说不能制造的那些永动机。这是定律保护定律的漂亮应用。

许多一般系统定律都会有多种表述方式：作为定义，作为测量方法，作为探索工具，特别是以更容易记住的否定形式。我们常常采用近似的形式来表述定律，以便简化讨论，然后关注更精细的形式需要增加的条件，不让太多的"第一类""第二类"这样的词干扰读者。错误的定律也可能有用，但如果在需要的时候想不起来，那它就完全没用了。因此，我们的定律不应是对思维的束缚，而应是刺激。

如果能给出说明性的例子，定律就更容易记。我们希望避免空洞的概括，因为只有宽泛的概括是不够的，要有"宽泛的概括加上愉快的特例，才是有成果的概念"。[18]对每一条定律，本书努力寻找两个"愉快的特例"，有时则作为章后所附的思考题出现。任何自诩为"一般系统定律"的定律，至少应该适用于两种情况：一种是该定律的来源，另一种作为保险。

不是所有的一般系统文献都符合这个原则。因此，我们也许应该把它提升为一条一般系统定律，可以称为愉快的特例定律：

任何一般定律必须至少适用于两种具体情况。

或者像伯丁太太发现丈夫过于远离事实时告诫他的话：

要想成为通才，你总得懂点什么。[19]

出于对同事的礼貌，尽管他们违反了这条定律，我也不会举出两个具体的例子。因此，我会举一个自己的例子。读下去你就会发现其他的例子。

过度一般化是蠢人之错还是英雄之错，取决于你个人的观点。但正如过于胆大会导致过度一般化，过于胆小则会导致一般化不足。与愉快的特例定律相对的是不爽的奇葩定律：

任何一般定律至少应该有两个例外情形。

或者，用否定形式来强调：

如果你从来没说错，相当于什么也没说。

请读者们找找不爽的奇葩定律的两个例外。

特例定律和奇葩定律适用于任何提炼一般化的行为，还有一些定律则适用于一般系统思维的"系统"方面。同样，有两种互补的错误：组合和分解。请看组合错误的一个例子：

> 我站在桥上朝河里吐口水。发现河水的纯度没有明显的变化后，我去了投票站，给发行市政债券用以新建河水处理工厂的提议投了反对票。

再来看看分解错误的一个例子：

> 我站在桥上，发现河水很干净，所以我的结论是，没有人向河里吐口水。

有两个定律可以使我们不犯类似的错误。一个是组合定律，它可以追溯到亚里士多德时期，即：

整体大于部分之和。

另一个是分解定律，即：

部分大于整体的局部。

注意，这两条定律看上去是矛盾的，所以让人难以忘记。

我们为什么要记住它们？一般系统定律到底有什么用？因为定律如此一般化，系统又如此复杂，所以我们会发现它们对做出准确的预估帮助不大。但是，正因为系统如此一般化，系统如此复杂，一般系统定律才能帮助我们，使我们在准确估计的道路上避免犯大的错误。"带来麻烦的不是未知的东西，而是我们以为知道、实际却并非如此的东西。"

2.5 系统思维的类型

> 模型的主要作用与其说是解释和预测（虽然最终这被归于科学的主要作用），不如说是让思维集中并提出尖锐问题。最重要的是，发明和玩模型很有乐趣，而且模型有自己独特的生命。与生物相比，"适者生存"的道理甚至更适合模型。但是，如果没有真实的需要或真实的目的，就不应该随意发明模型。[20]

在这段关于数学模型的描绘中，马克·卡克（Mark Kac）概括了建模的快乐以及模型的使用和应用，这完全适用于一般系统的模型。他暗示与模型相关的活动有3种。

(1) 促进思维过程："让思维集中并提出尖锐问题"。

(2) 研究特殊系统："真实的需要或真实的目的"。

(3) 创造新定律和改进旧定律："发明和玩"。

我们可以用这个框架来回顾本章中粗略概括的"一般系统论方法"，也可以用它作为本书后续章节的序言。我们可以从改进思维过程开始，因为这种好处大多数人都能享受到。我们并非都在研究具体的系统，创建新的一般系统定律的人更少，但大多数人都需要思考。

一般系统方法对思维的贡献，可能充分体现在了一般系统学者应对新课程的方法上。学生应该对一般系统的这种应用特别感兴趣，因为他们每个学期都要学习一些新课程。遗憾的是，四年的新课程学习常常让头脑变得麻木，结果许多毕业生在脱掉学位服和学位帽之后，发誓再也不学新课程了。一般系统方法承诺学习新课程时不会那么受伤，这样学习可以有趣味，而不是令人生厌。

一般系统学者如何应对新课程呢？假定他要学一点经济学知识。他可能参考当地大学开设的相关导论课程，找来一本教科书，或者在当地图书馆浏览一些经济学著作。但是，当他翻开这样的书时，不是从头开始。他知道许多关于思维和沟通的一般模式，而且他足够聪明，可以看透这些模式的经济学伪装。

举例来说，如果他刚好拿起萨缪尔森（Samuelson）的《经济学》（*Economics*）[21]，将会在第2章看到许多"生产–可能性"曲线，如图2-2所示。几乎不用解释，他就会明白，这些是一般状态空间（将在后续几章中讨论）的特例。经济学家所谓"生产可能性边界"，在一般系统论学者看来就是一组系统，它们都具有特定的属性。曲线上任一点代表了这组系统中的一个特殊系统。他知道在这个状态空间中，从一个点到另一个点的运动就是行为曲线，所以他知道的关于行为曲线的所有知识就会立即传递到这个新环境中。

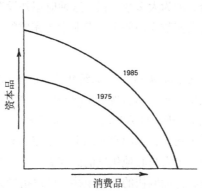

图2-2　经济学家的"生产可能性边界"，就是一般系统学者的"状态空间"

由于一般系统定律的本质，在经济学家看来，传递过来的内容可能很少。尽管如此，一般系统学者已经比其他人有优势，他就像在曼谷的旅行者一样，不畏惧陌生的环境。他已经给这只野兽命名并开始驯伏它。

然后，一般系统学者有一些思维类型，这些思维类型的一般化本质让他在研究新领域时不会完全失败。他的词汇表中有一些特殊的词汇，如稳定性、行为、状态空间、结构、规则、噪声和调节等，他能将这些词和专家的名词联系起来。如果他很聪明，就会忍住不说："哦，这就是二维状态空间中的一条行为曲线。"他会在心里进行名词转换，然后提出一些"十分尖锐"的问题，让专家大吃一惊。

一般系统学者遇到专门领域里的定律时，常常能够将其与他知道的一般系统"定律"联系起来。他会识别一些特殊的假定，将他的一般系统定律转换成经济学定律或其他学科的定律。例如，他会马上意识到，经济学中的收益递减定律是限制因素定律的一个实例。当然，他并不是要夸口说经济学定律只不过是一般定律的特例，尤其是当他意识到可能要靠这条经济学定律来发现这条一般定律时。对他来说，一条定律是另一条定律的特例，但从起源上看，一般系统定律可能正来源于经济学。

因此，一般系统方法可以大幅节省课程学习的思考时间。在研究各种情况或特殊系统时，也会如此。据我们的经验，一般系统方法为学习大量的信息系统[22]、复杂机器[23]、社会系统[24,25]、个人和工作团体[26]以及教育系统[27]提供了一个起点。其他人发现，一般系统方法可以用于气象学、政治学、生物学、社会学、精神病学、生态学、工程学以及你能说出名字的任何学科。对具体实例感兴趣的读者会发现，一般系统研究会的年度报告是一个金矿[28]。不过需要提醒的是，一般系统方法的实际应用非常多，收录的文章只代表了其中很小一部分，因为大多数时候，这种应用并没有发表在任何出版物上。一般系统思维的大多数应用并不是专业学者完成的，而是普通人在处理日常工作时完成的。

General Systems Yearbook（《一般系统年度报告》）也收录了一些例子，记录了第三种一般系统活动，即创造新定律和修订旧定律。这种活动我们称为一般系统研究，以区别于一般系统思维和一般系统应用。在这三种活动中，一般系统研究参与的人最少，因此它实际上是专家的兴趣。对于如何开展一般系统研究，我们说不出它与其他领域的研究有什么太多的不同。我们确实有一些一般系统定律，比如愉快的特例定律，可以指导如何进行一般系统研究。但大多数情况下，一般系统研究和其他学科的研究一样，都是以神秘的

方式完成的。

一般系统运动起初不是一个学科，但可能正在形成一个学科。冯·贝塔朗菲在1969年面市的书[29]的前言中考察了一般系统学领域30年的相关活动，并且提醒我们会发现：

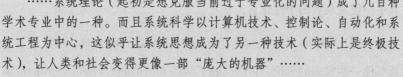

……系统理论（起初是想克服当前过于专业化的问题）成了几百种学术专业中的一种。而且系统科学以计算机技术、控制论、自动化和系统工程为中心，这似乎让系统思想成为了另一种技术（实际上是终极技术），让人类和社会变得更像一部"庞大的机器"……

多年前还没有学术官僚主义，国防资金也没有介入一般系统研究会，当时我收到过一封信，收信地址写的是"Society for Gentle Systems Research"（文雅系统研究学会）。当我惊恐地看到现在的"系统运动"时，常常回想起这封信。我在想：文雅的人是否还有生存空间，我们是否不应该去帮助建造"庞大的机器"，而应该去发展文雅的系统？

结果会怎样？它很有可能会像所有运动一样，杀掉它的先知，背叛他们的教诲。它已经没有回头路可走，但就像所有狂热的信徒一样，我还想做最后的尝试。这本书就是致力于把一般系统思维带回给普通人，因为它本身就是为他们设计的。

2.6　思考题

1. 人类学

墨西哥有一个盲人村，一位盲人人类学家对它进行了研究。请推测这个村庄有别于明眼人村庄的文化现象。这位盲人学者是否会发现，与他的墨西哥人身份相比，他的盲人身份让他和村民有更多的共同点？如果一位独眼人类学家也来研究这个村庄，会有什么不同的发现？

2. 科学史

历史上关于有机题分类学的综述请参考：

Howard Becker and Harry Elmer Barnes, *Social Thought From Lore to Science*, 2nd ed. Washington, D.C.: Harren Press, 1962

你认为有机思维对科学进步有过帮助吗？怎样评价活力论者与机械论者的激烈争论？你能找到今天类似的争论吗？

3. 分子生物学

最近的一项科学革命就是分子生物学，其中一个了不起的标志性事件就是发现了DNA的双螺旋结构（发现者因此获得诺贝尔奖）。我们幸运地找到了其中一位发现者的个性化言论：

James D. Watson, *The Double Helix*. New York: Atheneum, 1968

以及其他一些发表的言论，它们反驳了某些人所谓的对科学家工作的最坦率的言论。请用这本书的例子以及相关的争论，讨论分子生物学中的变化模式以及它们对研究者的实际意义。

4. 二阶序

二阶序是一个需要小心对待的概念。我们不清楚看到的秩序究竟源于何处。关于寻找二阶序所遇到的困难，有一个很好的例子。观察发现，各种表格中数据的首位数字不是均匀分布的，而是集中在一些小数字上，特别是1。拉尔夫·A. 雷米（Ralph A. Raimi）调查了这个问题，并在《科学美国人》杂志（1969年12月，卷221，109 – 120）上发表了文章，名为 "The Peculiar Distribution of First Digits"（首位数字的奇特分布）。请研究这个问题，并谈谈你对这种二阶序的来源的看法。

5. 定律的定律

人类思想已经积累了数不清的成果，我们正试图对其进行管理。一种尝试就是对伟大的思想进行分类，并记录它们的发展，就像：

Philip P. Wiener, *Dictionary of the History of Ideas*. New York: Charles Scribner, 1973

请用书中的理论和思想作为数据，导出一些一般系统定律（这也是管理思想库的另一种方法）。

6. 三阶序

我们有两对关于错误的一般系统定律。请思考这些定律的结构，看看能否实现信念上的飞跃。

7. 环境药理学

> 病人常常同时拿到几种药，而这有时会导致不希望看到的后果，因为一种药会阻碍或加速另一种药的代谢。

有时候"药"是无意中开出的，用到了不是"病人"的人身上。在我们的环境中，化学物质不断增加，这会带来怎样的后果？对这些后果的预测能达到什么程度？向环境排放这些化学物质的人在多大程度上会预测出这些后果？

参考：A. H. Conney and J. J. Burns, "Metabolic Ineractions Among Environmental Chemicals and Drugs." *Science*, 178, 576 (Nouember 1972)

2.7 参考读物

推荐阅读

1. Kenneth Boulding, "General Systems as a Point of View." *In Views of General Systems Theory*, Mihajlo D. Mesarovic, Ed. New York: Wiley, 1964.
2. H. G. Wells, "The Country of the Blind." In *The Country of the Blind and Other Stories*. New York: Nelson, 1913 (also reprinted in several collections, such as *The Complete Short Stories of* H. G. Wells). (First edition, 20th impression) London: Bern, 1966.

建议阅读

1. Thomas Kuhn, *The Structure of Scientific Revolutions*. Chicago: University of Chicago Press, 1962.
2. James D. Watson, *The Double Helix*. New York: Atheneum, 1968.

系统与幻相

真实世界给出了它的子集。乘积空间代表了观察者的不确定性。如果换一个观察者，乘积空间可能因此而改变。两个观察者可能采用不同的乘积空间，在其中记录真实物体上发生的一些真实事件的同一子集。因此，"约束"是观察者与事物之间的一种关系。任何特定约束的特性既取决于事物，又取决于观察者。所以，组织理论的基础部分和一些属性有关，这些属性不是物体固有的，而是观察者与事物之间的关系。

——W. 罗斯·阿什比（W. Ross Ashby）[1]

A sweet disorder in the dress	有一种美好的边幅不修，
Kindles in clothes a wantonness:	使无拘的衣衫显得荡荡悠悠；
A lawn about the shoulders thrown	上等细麻布披在身上随风飘舞，
Into a fine distraction,	纷纷扬扬自有一种优美的风度；
An erring lace which here and there	胸前紧衣上系错了根把束带，
Enthralls the crimson stomacher ,	却迷住了猩红色的胸前饰彩；
A cuff neglectful, and thereby	袖口是疏忽了，然而正好
Ribbands to flow confusedly ,	任凭丝带下垂，随意拂飘；
A winning wave (deserving note)	有一种迷人的波浪（值得注意），
In the tempestuous petticoat ,	那是狂风漫卷裙子引起；
A careless shoe-string, in whose tie	一双鞋带，系时漫不经心，
I see a wild civility,	我倒觉得潇洒而文明：
Do more bewitch me, than when art	这些无章的情趣使我着迷，
Is too precise in every part.	胜过那些精雕细刻的技艺。[2]

——罗伯特·赫里克（Robert Herrick）

3.1 一个系统就是对世界的一种看法

> 要理解一个符号的含义，不一定必须了解它传统的应用方式。这也是我坚决抵抗祖母教我识谱的原因。她用一根毛衣针指着曲谱上的音符，试着解释这一行对应钢琴上的哪个音符。但是为什么？这是怎么做到的？我一点也看不出有横线的稿纸和琴键有什么共同之处。如果有人试图把这种没有正常理由的强迫行为和假设强加于我，我就会反抗。同样，我也拒绝接受没有绝对基础的真理。我只屈服于必要性。我觉得人们的决定或多或少是心血来潮，它们没有足够的份量让我屈服。在好几天里，我坚持拒绝接受这种任意的规定。但最终我还是让步了：最后我学会了演奏，但我觉得这是在学习一种游戏规则，而不是获得知识。但是，对于接受算术规则我却没有一点懊悔，因为我坚信数字是绝对真实的。[3]
>
> ——西蒙娜·德·波伏娃（Simone de Beauvoir）

系统是什么？诗人都知道，一个系统就是对世界的一种看法。

系统是一种观点，这对诗人来说很自然，却吓坏了科学家！一旦他知道我们将要走的路，就会像西蒙娜·德·波伏娃一样反抗，就好像我们要将某种谎言强加于他。如此说来，系统就是在玩游戏，而不是获得知识。知识就是"真理"，知识就是"事实"。如果两个科学家用不同的"系统"来观察同一个事物，科学就不比诗歌"好多少"。一个人会看到"潇洒而文明"，另一个人会看到"邋遢的衣服"。

很好，让我们来挑战恐惧。请看图3-1，你看到了什么？一个"面若桃花"的青春美少女，还是人老珠黄、满脸皱纹的老妇？但这都不重要。不管看出哪个，请再看一下，直到看出另一个为止；如果你什么也看不出，则更有利于我的论点。

十多年来，我一直用这张图来说明"观点"的力量。年复一年，有些人看到了少女，有些人看到了老妇，少数人什么也没看见。在这个展示中，重要的不是我们看到了什么，而是我们如何感受看到的东西。每堂课后，总有学生到我的办公室来，哄我承认这幅画的确是老妇（少女），那些看到少女（老妇）的人是被愚弄了。但他们才是"傻瓜"，认为别人的观点是愚昧的，或者不如他们的观点正确。

另外一些学生则比较谦虚。他们来找我只是想弄清这幅画画的究竟是什么。他们意识到自我中心论的错误，开始一个更高层面上的思考。他们愚昧得更厉害，因为他们没有意识到，独立于观察者的真理才是最大的自我中心论。如果真的存在这样的真理，那么谁能发现呢？

图3-1　你看到了什么

　　自我中心论是一种泛灵论，而泛灵论是一种活力论。经过数百年的艰苦努力，科学家们已经成功地摆脱了如下的想法：

> 　　如果我是在太空中漫游的一颗行星，怎么会被太阳的巨大质量吸引住？

　　如果他们忍不住要这样想，至少他们已经学会了不将其说出来。生物学家面临同样的问题，但他们更痛苦，因为他们感觉与研究对象更贴近：

> 　　如果我是一只牡蛎，会不会被一颗沙子激怒？

更进一步：

> 　　如果我是一只青蛙，会不会被影子吓着？

再进一步：

> 如果我是一条狗，会不会喜欢一磅汉堡包？

当然，心理学家的问题就更严重了。但我们共同面对的终极难题，就是要摆脱下面的想法：

> 如果我是大自然，我会说谎吗？

或者：

> 如果我是大自然，我会掷骰子吗？

我们怎么知道大自然（也就是"真实"）的感受？或者，了解大自然的感受会比移情于一颗行星、一只牡蛎、一只青蛙或一条狗更有意义吗？

每种泛灵论都曾阻碍科学的进步，但如果它们完全没用，肯定早就消失了。通过对处境的本能反应，我们能够深入理解力与运动的概念，牛顿可以这样做，我们的物理学也是这么教的。通过愤怒、恐惧以及喜欢等主观体验，我们还可以深入理解生物学定律。相信外部世界的真实性，我们就能取得科学进展。

谈到这一点，"现实主义者"就会引用爱因斯坦的话：

> 外部世界独立于感知主体而存在的信念，构成了所有科学的基础。[4]

我们也许可以用上面这段话来代替图3-1，因为每个人都会按照自己先入为主的观念来理解它。请注意爱因斯坦并没有说：

> 外部世界独立于感知主体而存在，这构成了所有科学的基础。

爱因斯坦是一个谨慎的人，一个谨慎的科学家。他没有说外部世界十分重要，而是说对外部世界的"信念"十分重要。他完全正确。但正是爱因斯坦提出的相对论给科学世界带来了巨大震动，因为它的前提是我们只能通过认知来了解外部世界。

"外部世界独立于感知主体而存在的信念"，这是一种启发式的思维方法，用于辅助科学发现。如同其他启发式工具一样，它无法告诉我们何时何地能够成功地应用它。我们学过一个童谣（I在E前，C后除外），用以帮助我们学习英语的拼写，但是遇到"either和neither……"就不对了。或者，就像那个小男孩说的："今天我们学会了怎么拼写banana（香蕉），但我们不知道什么时候停下来。"

前面我们遇到过类似的想法：力学家无法说出哪些系统符合力学规律，数学家说不清楚数学的应用范围。为了表示对学拼写的小男孩的敬意，我们将他的想法提升为一条原理，即"香蕉原理"：

启发式思维方法不会告诉你何时停下来。

启发式思维方法的价值可以逐渐递进，这取决于你要到什么地步才停下来。按照应用范围从小到大，我们有"想法""概念""规则""原理""定律""事实""真理"。越往后，我们越容易忘记启发式方法只是一种方法。我们忘掉了香蕉原理，认为可以继续一直使用这种方法。我们得到的成就越多，就越确信自己的做法是正确的。

但我们越是确信，就越容易陷入幻相之中，因为幻相在于：

> ……我们深信只有一种方式可用来解释眼前的视觉景象……古典时期最著名的幻相故事说明了完美的要点。普林尼（Pliny）讲述了一段轶事，说的是帕哈修斯（Parrhasios）如何胜过宙克西斯（Zeuxis）。宙克西斯画的葡萄栩栩如生，以至于引来小鸟叮啄。有一天，帕哈修斯邀请他的竞争者来他的画室，向他们展示自己的作品，宙克西斯急切地去拉画板上的盖布，结果却发现那不是真的画布，是画上去的……[5]

我们的目的是提高思维能力。"外部世界独立于感知主体而存在的信念"是我们拥有的最强大的思维工具之一。我们一点也不想抛弃这样强大的工具，就像我们不想抛弃类比思维一样。就算我们想抛弃，也无法做到。我们很快会用熟悉的语言来讨论独立的客观存在，不过在此之前，我们先来看一看互补的思维工具：相关性思维。

也许世界上确实存在"真实的物体"，但即使存在，也不是因为我们能感知到它们是真实的。感知对真实和幻相的反应是完全一样的，许多感知让我们印象深刻，基本上无法忘却，即使是对幻相的感知。[6]同样，也许确实存在"真正的自然定律"，但如果存在，我们对其存在性的强烈信念，可能阻碍了对它们的发现。所以，我们来看一下，如果偶尔放弃对"独立的客观存在"的信念，又会怎样。当然，千万别忘记，这也只是一种启发式的思维方法。

3.2　绝对思维与相对思维

在这方面，刚好有一个关于伟大的美国语言学家和人类学家爱德华·萨丕尔（Edward Sapir）的故事。据说，他曾与一个印第安人一起工作，并试图弄懂自己难以明白的美洲印第安语的语法。最终，他觉得自己已经掌握了其中的原理。为了验证自己的假设，他开始用这种语言造句。"可以这样说吗？"他问印第安同事，然后用印第安语讲一句话。他重复了几次，每次用不同的表达方式。每次同事都会点头说："是，可以这样说。"很显然，这说明他的做法是对的。突然，一个可怕的猜想浮现在萨丕尔脑中。他再次发问："你会这样说吗？"他又一次得到了肯定的答复。接着他问道："那是什么意思呢？""什么意思也没有！"同事答道。[7]

人们可以说出或写出完全可以接受，但却没有任何意义的语句。如果我们研究一些毫无意义的语句，就能更好地理解怎样说才有意义，因为例外不会证明规律，却教会我们如何理解规律。

"例外会证明规律"（the exception proves the rule），这就为探讨无意义语句提供了很好的起点。"proof"*的本意是：

对事物进行的一种测试，以确定它们是否具有令人满意的品质。

在对印刷品、照片进行"检验"，对威士忌、布丁进行"检验"时，我们保留了"proof"的原意。几百年来，这个词的意义发生了变化，去掉了负面的可能性，增加了新的意义：

建立、证实或演示事物的真理或者真实性。

虽然这个关键词的意义发生了变化，格言却保留下来了。结果，我们不得不与那些无知的人斗争，只要我们反驳他们最喜欢的偏见，他们就高兴地像鹦鹉一样重复：

＊Proof，为prove的名词形式，意为"证明、检验、证据"。——编者注

例外会证明规律。

语言中语句的意义，仅仅与其中词汇的某种被接受的含义有关。"被接受的含义"意味着有人接受，即有观察者。如果我在大教室里说：

例外会证明规律。

大家的理解会不一样，就像对图3-1的理解不同一样。有人认为我在说废话，而其他人会明白：

例外让规律接受测试。

某些句子似乎具有绝对意义，因为几乎所有人都认同它包含的意义。例如，请看以下内容：

通用汽车公司的存在是为了生产汽车，而不是生产废铜烂铁，尽管两者它都产出。大学的存在是为了产生受教育的人和学者，而不是产生退休教授或辍学者。[8]

这似乎无可争议。但面对米勒所写的如下内容，我们又作何感想？

海狸的存在是为了抵御洪水，而不是产生成堆的碎木头。海洋的存在是为了出产新鲜海鱼，而不是淤泥和冲上岸的死鲸。

对于"人造"系统，我们可以谈论其"目的"；而对于"自然"系统，则绝对不能如此。人们对人造系统的不满，多数源于不认同这些系统的设计"目的"：即系统"究竟"是什么。当然，答案是系统没有"目的"，因为"目的"是一种关系，不是能"有"的东西。对于废品回收商来说，通用汽车确实是为制造废铜烂铁而存在的，而公司的股东也不会在意通用汽车生产的是汽车还是豆角，只要它能赢利。

再来看看大学。人们常常谈论大学改革，但我们很少看到行动。为什么？至少有一部分原因在于，人们还没有意识到大学对不同的人来说意味着不同的事物。可以肯定，美国大学的一项最重要的社会功能就是产生学业失败者，他们会被辞退，在社会层级结构中担任不那么挣钱和不那么体面的角色。我通过内部观察可以证明，有一些教授知道公共机构存在的真正理由，那就是向我们提供体面的退休生活，包括体面的工作。

所以，米勒所说的并不是这些机构存在的唯一理由，但或多或少能代表官方公开的理由，就好像大众对某个词汇意义的认同一样。米勒知道这一点，不需要限定死每一个句子，就像：

> 对大多数人来说，大多数时候他们想到通用汽车，就会想到生产汽车，尽管有些人有时对通用汽车公司的存在目的持有不同的看法。

采用绝对陈述要有力得多，就像通用汽车公司真的有唯一的"目的"。大多数时候，绝对陈述不会给我们带来麻烦，但是如果我们愿意深究某些看起来绝对的陈述，可能也会学到一些东西。

绝对思维的一个简单例子，可从下面问题的答案中看出：

> 假如把一只玻璃温度计突然插入热水中，温度计的读数会怎样？

谁都知道读数将上升，但如果你做这个试验并仔细观察，会发现温度计的读数先下降再上升。很少有人观察到这个下降过程，不是因为很难看到，而是因为他们没有期待这个过程。为什么他们没有期待？因为他们知道读数会上升。

他们之所以知道读数会上升，可能是因为别人告诉他们会这样，这类人相对来说更容易接受别的说法。但那些知道温度计背后"原理"的人更难被说服。他们知道得"更多"，这也就意味着他们更坚信幻相。他们会争论说读数肯定上升，因为：

> ……读数测量的是水银的膨胀程度，而水银受热会膨胀。

这个简单的句子至少隐藏着两种绝对陈述，其中一个与观察的时间尺度有关。上面的句子似乎暗示水银的膨胀是瞬间发生的，但更精确的说法是：

> ……温度上升时水银会膨胀，以人对时间的感知来说，这个时间相对较短。

我们当然知道，加热水银需要时间，否则测量体温时就不需要等待几分钟了。

时间尺度说明了温度上升过程中为什么会出现如图3-2所示的曲线，但为什么一开始读数会先下降呢？答案在第二个绝对陈述中，即"水银的膨胀"。读数测量的不是水银的膨胀，而是水银和玻璃的膨胀之差。也就是说，它测量的是水银的相对膨胀，而不是绝对膨胀。

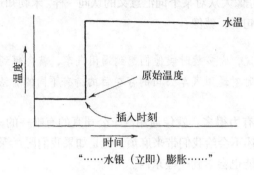

"……水银（立即）膨胀……"

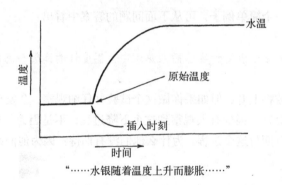

"……水银随着温度上升而膨胀……"

图3-2　水银柱上升的两个模型

当温度计插入热水中时，外面的玻璃会先受热，先膨胀。因为这时水银还未受热膨胀，所以玻璃管中的水银柱就会下降。（当然，体温计不会这样，它会保持水银柱的高度，以便留住最高读数。不过，无论如何，你都不应该把体温计插入热水中。）结果如图3-3所示，图中确实显示了先下降再上升的结果。

温度计和语言一样，是我们认识世界的一种工具。把它用于简单事物时，我们可以用简单的语言来描述它的作用。我们不关心温度计"实际"的行为，只要它的行为符合简单的语言描述就可以了。扫一眼窗外的温度计，我们会说"外面的温度是17 ℃"。即使温度可能正在变化，我们也不会关心时间尺度的效应。

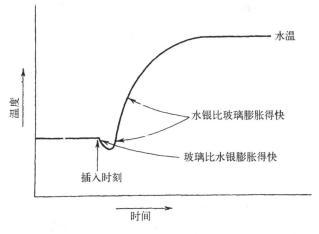

图3-3　水银和玻璃的膨胀之差

　　但是，测量体温就不同了。我们会关心时间尺度，因为这两种仪器的用途不同。最后，如果在核电站的自动控制系统中使用了温度计，我们可能需要完善的观点以达到或超过图3-3的水平。

　　再举一个例子，一些系统学者有时会提到系统中"突现"的性质，这些性质只在整体系统中存在，而不存在于系统的各部分。另外一些学者反击这种说法，他们认为突现的性质不过是活力素的另一种说法。而且，他们可以举出一些具体的例子来支持他们的观点，说明那些"突现"的性质其实是完全可以预测的。谁是对的？

　　双方都对，但因为大家都使用了绝对的论述，所以才有问题，似乎"突现"性质是系统拥有的某种"东西"，而不是系统与其观察者之间的一种关系。观察者不能或没有做出正确的预测时，这些性质就"突现"了。一个观察者眼中的"突现"性质，对另一个观察者来说是"可预测"的，我们常常能发现这样的例子。

　　论证一个性质应该能预测出来，这与"突现"无关。意识到突现是观察者与被观察系统之间的一种关系，我们就会明白，如果将越来越多的复杂系统堆在一起，一些性质就会"突现"。换句话说，"突现"的性质对我们不再是突现，但它会让那些持有绝对论调的人惊讶。事后他们可能会论证，本来不必吃惊。如果当时突现性质像个炸弹，这也算是一点安慰。

　　如何避免绝对化思维的错误呢？我相信，关键在于一定要记住模型、语言、仪器和技术的人本起源。某些时候，在某种观测尺度下，出于某种目的，绝对化思维的简化很适合我们。当我们以某种方式说话或思考时，通常都遵循传统的模式。如果情况和传统保持一致，那么这些模式很管用，当然，大多数情况是与传统一致的。（这不就是"传统"的含义吗？）

下面的故事十分传神地描述了什么是传统的情形。

> 一位牧师走过建筑工地，看见两个工人在砌砖。"你在干什么呢？"他问第一个工人。
> "我在砌砖。"工人粗鲁地回答。
> "你呢？"他又问第二个工人。
> "我在建大教堂。"工人高兴地回答。
> 此人的理想主义以及对上帝宏伟计划的参与感，给牧师留下了愉快的印象。他据此写了一篇布道文章，并于第二天又来到工地，想和这个有灵感的砌砖工人交谈。工地上只有第一个工人在工作。
> "你的同伴去哪儿了？"牧师问道。
> "他被解雇了。"
> "真糟糕。为什么？"
> "他以为我们在建大教堂，但我们是在建一个车库。"

在平凡的世界中，我们似乎应该实际一些，专注于工作，不要异想天开。如果我们要建车库，就必须按照要求像往常一样砌砖。但如果我们要建一座大教堂，就必须回顾常规的做法。

谁决定的要建车库？要生产汽车？要培养受教育的人？谁来决定某种思维方式比其他方式更好？他们的决定在新的情况下还适用吗？世道人情交到了我们手中，但没有刻在石碑上：

> 系统完全是人造的。……如果我们在系统中包含某个关系或者忽略它，我们可能做得对或不对。但是这种包含并不创造真理，忽略也不是谬误。从这个意义上说，步骤正确的理由完全是实用主义的，它取决于包含或忽略的东西与系统设计目的之间的相关性。[9]

因为我们这里更关心建大教堂而不是车库，所以我们认为，所有系统都是一个或几个观察者的观点。我们的观点（或他们的观点）是"好"是"坏"，只能根据"系统的设计目的"来判断。

3.3　系统是一个集合

虽然观察世界的任何一种方式（"上等细麻布披在身上随风飘舞""胸前紧衣上系错了根把束带""袖口是疏忽了，然而正好"）都可以是一个系统，但是真正的任意系统是没有任何共性的。事实上我们可以定义：

> 任意系统是除了"没有任何共性"，还是没有任何共性的系统。

那么，如果要开始采用一般系统方法，我们就必须将注意力缩小到某些非任意系统，虽然这样的方式迫使我们关注非任意性的理由。这些理由是秩序之源，使得系统思维成为可能，其中最一般的就是一般系统思维的源泉。

非任意性来自两方面。它可以"本来就存在"于"真实的物理世界"，也可以来自观察者。现在，我们先来关注观察者。我们可以立即想到，"上等细麻布披在身上随风飘舞""胸前紧衣上系错了根把束带"和"袖口是疏忽了，然而正好"，并不是一个任意系统，因为至少在赫里克这个观察者看来，它们属于同一个整体。实际上，很难找到一个任意系统，因为一旦我们想到一个，它就变得有点非任意性了。

这种论证可能听起来非常不切实际，但请注意，弗洛伊德恰恰是基于这种认识开始他的精神分析学研究的。实际上，没有人能证明他可以任意地选择事物。因此，如果我们无法排除有意识的任意选择对结构的影响，就会发现观察者的方式会导致不想要的结构溜进其他系统中。

在系统方面的论述中，观察者的角色常常被忽略。忽略观察者的最流行方法，就是直接跳入系统的数学描述（既所谓的"数学系统"），而对如何选择这种描述方式却只字不提。举例，霍尔（Hall）和费根（Fagen）[11]给出如下定义：

> 系统就是物体的集合，包括这些物体及其属性之间的关系。

这些物体从何而来？霍尔和费根没有给出任何线索。要不是我们碰巧知道它们来自某个观察者的头脑，它们就只能是"从天而降"了。

霍尔和费根正确地强调了"关系"是系统概念的重要部分，但对于系统本身与观察者的观点相关这一点，却没能给出丝毫的暗示。集合的概念在数学上十分常见，但与它给人留下的精确印象不同，在大多数理论中，它是一个未定义的原语。集合数学（集合论[12]）阐述了集合的许多性质，但是没有告诉我们观察者如何选择集合。

如果说系统是事物的集合，那么集合论的表示法将给我们带来很大的便利。例如，赫里克的系统可以用数学方法描述如下：

令X表示"上等细麻布披在身上随风飘舞"的集合；

令Y表示"胸前紧衣上系错了根把束带"的集合；

令Z表示"袖口是疏忽了，然而正好"的集合。

那么我们讨论的集合可以表示为：

$$\{X, Y, Z\}$$

这个集合不那么有诗意，但有时候，平淡也是优势。

在选择集合的所有概念方案中，最初的做法就是简单、有限的枚举：我们把它们忠实地记录下来。记录方法也许就是列出集合的所有成员，如一套象棋子或一排牙齿。不过，我们通常会指定一组名称，用于代表"东西"的集合。当然，你也可以用其他名称，就像赫里克集合的例子那样。通常，列出名称比列出东西要容易一些，比如以下集合：

{自由女神像，埃菲尔铁塔，列宁墓，中国长城}

但是，有些东西无论我们如何努力都不可能展示出来，此时我们更愿意用名称来表示集合成员。例如下面的集合：

{杀死苏格拉底的毒药，费马最后一条定理的证明，达到临界质量的铀}

毒药已经不存在了，证明还不存在（在写下这句话的时候），那么多铀不可能在一个地方存在足够长的时间并让我们活着观察它。

命名不存在的集合元素，这自然是潜在的谬误来源。如果有些集合元素不存在，但我们对其存在却毫不怀疑，这就更有害了。人类学家可能提到"亲属关系术语规则"，考古学家曾谈论"皮尔当人"（Piltdown Man）。错误或伪造的数据产生的混乱，充分证明了科学精心建立的保障的意义。但是，直觉思维采用的数据一直没有这样的保障。对系统最明确的印象可能建立在假想集合的流沙之上，即使我们确实列出了每个集合元素。

不管怎样，我们很少列举出构成我们思维基础的所有集合。列举法构成了其他操作的概念基础，虽然其自身也存在危害，但与推导式方法可能引起的损害相比，就显得微不足道了。在这些推导式方法中，最糟糕的可能是用一个典型元素来表示一个集合。这种方法基于一种假设，即集合具有典型特征，这种思想至少可以追溯到柏拉图。柏拉图学派辩称，用理想的典型元素来表示集合优于所有列举法，因为集合的实际元素充其量只是理想典型元素的一种不完善的体现。但严格来说，理想的典型元素是观察者头脑中构造的概念，它可能成为概括大量数据的有效方法。然而分类学家常常发现，它可能只是通向分解谬误的诱人歧路。

即使集合中存在典型元素，确定它们也可能很麻烦，因为对于集合的典型特征是什么，不同的人有不同的看法。如果我写下：

{Browning, Blake, Byron，...}（{勃朗宁，布莱克，拜伦……}）

省略号代表什么？代表所有姓名以B开头的英国诗人吗？还是所有英国诗人？还是所有伟大的英国诗人？还是所有伟大的英国人？还是所有伟大的诗人？对于我的想法，你可以有上千种猜测。实际上，文学作品中的含糊描述可能是故意的。但作为科学工作的基础，这种方法很危险，即使作者的想法十分清楚，采用某些典型元素只是为了速记。当然，如果作者对自己的想法也含混不清，就更糟了。

{ Browning, Blake, Byron，...}后面的省略号表示"如此等等"的过程，这个过程遵循某种规则，这个规则应该可以从上面三个实例中毫不费力地推出来。规则，无论是隐含的还是明确表达的，都构成了定义集合的第三种常用方法（其余两种是列举法和典型元素法）。

如果集合元素非常多，那么规则法比列举法更有优势。如果规则可以显式表达并且可以操作，那么规则法也优于典型元素法。但在大多情况下，显式规则只在数学运算中使用，例如选择偶数构成一个集合。而现实世界中，构造规则通常太难，无法实际应用。

计算机有办法暴露显式规则的缺陷。如果试图将一个分类过程自动化，我们常常会发现很多眼睛看不到的东西。细胞学家早就能挑出具有"异常"染色体的细胞投影片；律师总能为接手的案子找到"相关"的先例；语法学家在根据"结构"对句子分类时，从未遇到过太多困难。但如果他们试图尝试自动化（制定计算机能明确理解的规则），细胞学家、律师和语法学家才发现，他们从未准确地知道他们过去在做什么。

每个人都熟悉如何按照语法结构对句子分类。在这方面，有一个经典的计算机例子：

TIME FLIES LIKE AN ARROW.（时光飞逝如箭。）

我们大概都能指出这个句子的语法结构："TIME"（时光）是主语，"FLIES"（飞逝）是谓语，"LIKE AN ARROW"（如箭）是补语。这似乎只是语法分析，只涉及主谓宾定状补等句子成分，不涉及每个词的意义，故而不是语义分析。

如果用计算机来分析，事情就不那么容易了。TIME可能是名词，也可能是形容词，比如在TIME CLOCK中的用法。FLIES可以是动词，也可以是名词，比如在FRUIT FLIES中的用法。LIKE可以是介词，也可以是动词，比如在I LIKE YOU中的用法。有这么多可能性，我们怎么知道：

TIME FLIES LIKE AN ARROW.

与下面的句子结构有什么不同呢：

FRUIT FLIES LIKE A BANANA.（果蝇喜欢香蕉。）

答案是我们不知道。我们基于可能的语义解释跳到了结论。如果上面的句子变成：

FRUIT FLIES LIKE AN ARROW.（果蝇喜欢飞箭。）

我们就更容易发现语义上的混乱。相反，这种语法分析从计算机中"突现"了。

起初，我们认为这种分类方式只涉及语法问题，但它实际上深刻得多。我们没有意识到自己大脑中发生的选择过程，但就算有时我们意识到可能的歧义，也许仍有更多的问题隐藏在黑暗之处。正如计算机揭示的那样，还存在另一种完全符合语法的方法来解释：

TIME FLIES LIKE AN ARROW.

其中TIME为动词，这句话是祈使句，与下面的句子结构相仿。

TIME RACES LIKE AN TIMEKEEPER.

若不是计算机让我们保持警觉，我们会继续做粗心的语法学家，并依旧意识不到我们的粗心。

规则表示法在选择集合时还有另一个微妙的困难。如果我们指定一个选择规则，就意味着一个"选择集合"：即符合这种选择规则的物体所组成的集合。因此，偶数的集合不是所有可被2整除的数的集合，而是所有可被2整除的整数的集合。同样，带有异常染色体的细胞的选择规则，始于假设观察者能够识别的所有细胞的集合，包括正常的和异常的。可是，选择这个先导集合很难，可能和按照既定规则划分它一样难。整数很好辨认，但细胞却不行。如果不用显式的方式，甚至整数也可能难以辨认。考虑如下方程：

$$x = 2b$$

显然，它表示x一定能被2整除。但要确定x是不是整数（并进一步确定是不是偶数），我们还需要知道b是什么数。

再一次，计算机对句子的语法分析揭示了隐藏的假设：在本例中，就是很难选择先导集合。要选择语法通顺的句子，首先必须知道如何识别句子。要让计算机明白如何选择句子，我们可能会说：

> 英文句子是以大写字母开始，以句点结束的一段文字。

把这个规则应用于下面的文字：

The length of the rod is 3.572 meters.（杆长为3.572米。）

而计算机将其识别为：

The length of the rod is 3.（杆长为3。）

解决困难的一种方法是向后看剩下的部分：

572 meters.（572米。）

因为这不符合句子以大写字母开始的判断依据，所以我们可能推翻前面的识别结果。虽然这种"向后看"的方法在某些情况下能解决问题，但它会让问题更复杂，使我们无法处理下面的句子：

007 spies.（007从事间谍活动。）

随着上述分析的进行，我们堆积了一个又一个特殊的例子，语义规则堆在语法规则上，语法规则又堆在拼写规则上，我们开始懂得了可怜的小Buttercup*早就明白的道理："事情很少像它们看上去那样"。我们最简单的思维活动其实并不简单。它虽然不是完全理性的，但也不是完全随意的。虽然我们能使用大脑开展思维活动，但我们基本不清楚这些思维活动是怎样进行的。如果我们能设法更多地了解大脑内部正在进行什么活动，那么关于一般系统思维外在的那一半就会很容易理解。

3.4　观察者与观察结果

> 我之所以给你们讲关于小行星B612的一些细节，并且告诉你们它的编号，是因为这些大人的存在。这些大人们就爱数字。当你对大人们讲起你的一个新朋友，他们从来不向你提出实质性的问题。他们从来不问："他说话声音如何啊？他喜爱什么样的游戏啊？他是否收集蝴蝶标本呀？"他们却问你："他多大年纪呀？弟兄几个呀？体重多少呀？他父亲挣多少钱呀？"他们以为这样才算了解你的朋友。[3]
> ——安东尼·德·圣-埃克苏佩里（Antoine de Saint-Exupéry）

目前为止，我们故意不说清楚组成系统的集合到底是什么东西的集合。作为工程师的霍尔和费根直言不讳地说是物体的集合。其他作者则说是"部件""元素""属性""成分"或"变量"的集合。这种不一致性意味着没人知道系统到底是什么的集合。

我们不必惊讶。名称的繁杂表明，系统集合的成员是系统思维中未定义的原语之一。虽然系统思想家一直在谈论这些成员，但他们从来不说它们是什么，和物理学家对质量的说法一样。实际上，如果我们能说出它们是什么，我们谈论的就不再是一般系统，而是特定系统。

下面三个棒球裁判的故事很好地说明了这种情况。三个裁判被逐一询问怎样判断好球和坏球。

---

* 源自Gilbert and Sullivan的经典作品H.M.S. Pinafore。——译者注

> 第一位裁判说："如果球打在击球者的膝盖到肩膀之间，就是好球，否则就是坏球。"
>
> 但第二位裁判说："如果是坏球，我就判为坏球。如果是好球，我就判为好球。"
>
> "不，"第三位裁判说，"在我做出裁判之前，它们什么也不是。"

在决定原语的本质时，我们就是棒球裁判，是独一无二的仲裁者。只要集合的成员"不是什么也不是"，我们的推理就严格地与内容无关，也就是说，这是一种纯数学的描述。伯特兰·罗素说过，数学看起来就像真理，因为它也没说它在谈论什么。

数学论证没有对和错，就像数学家们说的那样，只有"合理"与"不合理"。合理，实际上意味着内在一致性。如果我们在数学论证和"真实"事物之间建立了对应关系，就可以说这种论证在这种关联下是对的。数学家一般假定，无论建立怎样的关联，不合理的论证永远不会成立。但这是一种哲学论断，因为它显然不是数学结论。

数学的视角有一个问题，即不能区分哪些论证"毫无产出"，哪些"富有成果"。一种退化性疾病偶尔会折磨一般系统运动，这就是过数学化：产生宏大、彻底和合理的数学理论（常常称为"一般系统理论"），其实它就像没有生育能力的骡子。这些理论毫无产出，因为它们可以用于所有问题，因此就不能解决任何问题。而且从数学上看，我们难以分辨这些理论和富有成果的理论，所以它们更加毫无产出。它们浪费了我们的精力，也给富有成果的理论抹了黑。

如何避免过数学化？首先，应当听从麦克斯韦的劝告：

> 数学家们可能吹嘘自己拥有新思想，但无法仅用人类的语言表述。让他们努力用恰当的语言而不是数学符号来表达这些思想。假如他们做到了，那么不仅会使我们这些外行对他们心服口服，而且我们斗胆断言，他们自己也会在此过程中重获启示，甚至会怀疑用符号表达的思想是否已经脱离方程，进入他们的头脑。

言辞表达牺牲了符号描述的优雅，但让我们更贴近要谈论的事情。

其次，我们应当遵循喜悦特性定律，并尽可能避免使用数学符号，除非我们需要多次使用。多次使用允许对数学思想进行一点解释，并仍能提供精简的表达。比方说，我们引入集合符号不仅是因为：

一门科学达到的高度通常要看它利用数学的程度。[14]

引入集合符号一点也没有提升高度，只是便于我们讨论有限的可能性范围。

采用集合得到的第一个喜悦特性就是精化了观察者的概念。观察者所做的就是观察。这些观察可能是生理器官的某种感觉，也可能是测量仪器的读数，还可能是两者的结合。一次观察可以表述为从一个集合中选择一个元素，该集合包含了这个观察者所有可能的这类观察。

换句话说，可以根据得到的观察结果来定义观察者。集合符号让我们认识到，观察者有两方面的含义：他的观察类型，以及在每种类型中的选择范围。例如，我们可以说赫里克能进行两种类型的观察，即衣衫的类型和边幅不修的类型。作为观察者，他的"视野范围"可以表示为集合：

{衣衫，边幅不修}

作为观察者，从其视野范围中每一个元素的取值范围（或分辨程度、粒度），可以推断可能的选择范围。因此，对于衣衫，赫里克可以区分以下集合中的元素：

{细麻布，束带，袖口，丝带，裙子，鞋带}

而对于边幅不修，他至少知道：

{随风飘舞，纷纷扬扬，疏忽，随意拂飘，狂风漫卷，
漫不经心，潇洒，荡荡悠悠}

换句话说，赫里克作为观察者，可以用下面的集合来建模：

{衣衫，边幅不修}

实际上，这是一个集合的集合："衣衫"有6个元素，"边幅不修"有8个元素。

我们对观察者的概括可能太窄或太宽。可能太窄是因为，我们也许排除了一些范围，或者粒度不够细。我们可能没有意识到完整的范围或完整的分辨率水平，或者我们也许对某些观察结果并无兴趣。例如在心理学实验中，有一些细小的线索心理学家可能没注意到，而被测对象却注意到了。

有一个案例是训练鸽子，要求它对窗户上有红色圆圈的卡片做出反应。出示每张卡片时，仪器会发出轻微的滴答声，每张卡片对应的声音都不同。试验者认为鸽子的范围是：

{颜色，形状}

而实际上却是：

{颜色，形状，滴答声}

鸽子还能对滴答声做出反应，而不仅是对颜色和形状。正在成为一般系统学者的读者会发现，心理学家对鸽子的看法与米勒先生对通用汽车公司的看法是相似的。

　　观察者的一次完整观察，就是对观察范围内的每个集合做一次选择。因此，对赫里克来说，{束带，纷纷扬扬}是一次完整的观察，{袖口，疏忽}也是。理想化的赫里克可能得到多少这样的组合？因为服饰集合有6个元素，不协调集合有8个元素，所以结果6乘以8，即：

{衣衫，边幅不修}

有48个元素，包括{束带，纷纷扬扬}、{束带，疏忽}、{袖口，纷纷扬扬}、{袖口，疏忽}，等。

　　所有可能的组合构成一个集合（这个集合的集合），称为"乘积集合"，也叫作"笛卡儿积"，为了纪念笛卡儿。用符号表示就是：

{衣衫×边幅不修}

可以读作"衣衫集合与边幅不修集合的笛卡儿积""衣衫与边幅不修的笛卡儿积"或"衣衫与边幅不修的乘积"。图3-4列出了这个乘积的部分情况，请读者将其补充完整。可以看出，这虽然是一个集合的集合，但也是用集合符号来分隔一组可能性的例子。

衣衫 = {细麻布，束带，袖口，丝带，裙子，鞋带}

边幅不修 = {随风飘舞，纷纷扬扬，疏忽，随意拂飘，狂风漫卷，
漫不经心，潇洒，荡荡悠悠}

衣衫×边幅不修= {(细麻布，随风飘舞)，(束带，随风飘舞)，(袖口，随风飘舞)，(丝带，随风飘舞)，(裙子，随风飘舞)，(鞋带，随风飘舞)，(细麻布，纷纷扬扬)，(束带，纷纷扬扬)，(袖口，纷纷扬扬)，

⋮

(丝带，荡荡悠悠)，(裙子，荡荡悠悠)，(鞋带，荡荡悠悠)}

图3-4　笛卡儿积，{衣衫×边幅不修}

对观察者来说，乘积集合有时可能是太宽的模型，因为虽然观察者能区分单个集合中的每个元素，但也许不能得到所有组合。从诗中我们可以看出，赫里克能识别出{束带，纷纷扬扬}，但他也许不能识别纷纷扬扬的鞋带或纷纷扬扬的裙子。如果他不能识别，就必须把元素{鞋带，纷纷扬扬}和{裙子，纷纷扬扬}去掉，从而得到赫里克观察力的更准确概括。

在这种情况下，笛卡儿积{衣衫×边幅不修}用于概括赫里克太宽泛了。使用它，我们就会犯组合错误。采用这样的模型，我们可能断言赫里克能观察到他其实观察不到的现象。也就是说，我们的模型可能太一般化了。另一方面，如果我们恰当地概括了他的观察范围和每个元素的粒度，那么笛卡儿积至少不会漏掉他能做出的所有观察。所以，乘积集合在假定的范围和粒度下，为我们提供了一种方法来避免一般化不足的错误。

我们或许会顺便注意到一般系统过数学化的一个症状，就是对看到的每一件事都运用笛卡儿积。笛卡儿积把"所有可能区分的东西"变成了"所有可能区分的东西的组合"，这对于一般系统学者很有吸引力。但是，如果我们不论何种情形都采用笛卡儿积，很快就会产生巨大的集合。这称为"组合爆炸"，因为笛卡儿积是各种可能性的组合。如果一般系统理论不考虑"计算的平方律"，就可能得到一般性很好却空洞无用的定律，因为任何一种想象得到的系统都没有这样大的计算能力。

我们在"观察者"模型中要时时提醒自己：该模型到底需要多大的计算能力。但请注意，我们不要求我们的"观察者"能"正确地"做出每一次观察（衣衫和边幅不修中的元素），因为这些是我们原始的、未定义的元素，使用它们时，"正确"是毫无意义的。我们的观察者只需要能够识别两种感觉或者测量结果"是一样的"即可，因为他就是最终仲裁者。或者说："在我做出裁判之前，它们什么也不是。"

3.5 无关法则

"如果把狗的尾巴叫作腿，那么一条狗有几条腿？"

"五条？"

"不，四条。把尾巴叫作腿，并不等于它就变成了腿。"

——（据说出于）亚伯拉罕·林肯

我们也许无法判断观察是否正确。但是，如果没有"正确性"的符号表示，就无法对观察者及其观察结果进行深入的讨论了。因此，这里引入一致性的概念：即一组观察结果是否与另一组相容。

很清楚，正如林肯指出的，符号的一致性并不取决于观察者对观察如何命名。如果安德鲁·马维尔（Andrew Marvell）把某些东西称为{丝带，狂风漫卷}，而赫里克则把它叫作{袖口，漫不经心}，我们并不会因此得出结论，说他们的观察结果不一致。否则的话，用英语说{袖口，疏忽的}和用法语说同样的意思就产生了不一致。

上述观点可以归纳成无关法则：

定律不依赖于选择的特定符号。

无关法则是强大的推理工具。请考虑一个系统研究者的例子，他推导出一个公式，声称能测量选择过程的难度。他用下面的符号来表示难度：

$$S = 选择的物体的百分比$$

$$R = 未选择的（放弃的）物体的百分比$$

虽然公式冗长烦琐，但我可以通过应用无关法则在难以置信的15秒之内消灭它。

推理过程如下：假设公式是：

$$D = R^2$$

其中D表示选择难度。当然，真正的公式要复杂得多，但推理过程是一样的。例如，假设问题是分离10只绵羊和90只山羊（100只羊）。那么：

$$S = 绵羊占总量的百分比 = 0.1$$

$$R = 山羊占总量的百分比 = 0.9$$

$$D = R^2 = 0.9^2 = 0.81$$

现在假设我只是换个角度来思考这个问题，即要从100只羊中分离出90只山羊。那么：

$$S = 山羊占总量的百分比 = 0.9$$

$$R = 绵羊占总量的百分比 = 0.1$$

$$D = R^2 = 0.1^2 = 0.01$$

换言之，根据上述公式，从羊群中找出山羊要比找出绵羊容易得多！如果真是这样，我们就可以先从羊群中找出山羊，然后再说："噢，我改变主意了。我实际上是想从羊群中找出绵羊。"

因为公式中的D应该是计算你能做到的最好程度，所以这显然是个荒谬的结论。但是，如果公式是：

$$D = R^2 + S^2$$

那么从羊群中找出绵羊的难度为：

$$D = R^2 + S^2 = 0.1^2 + 0.9^2 = 0.82$$

而从羊群中找出山羊的难度为：

$$D = R^2 + S^2 = 0.1^2 + 0.9^2 = 0.82$$

至少，这个公式符合无关法则。它与我们假装在做什么无关，两种情况下都得到同样的值。同样。它也可能是一个错误公式，但不是只靠无关法则就能判断了。对于第一个公式，无关法则让我能够分清好坏，并建议这个研究者抛弃那个荒谬的公式。

不管玫瑰叫什么名字，都应该是芬芳的，但没人怀疑名字是否常常愚弄人。在革命过程中或之后，事物常常被重新命名，而这只是为了改变思维模式。例如，在17世纪的英国，宗教信仰者可以改名为"相信基督远离通奸·威廉姆斯"*。在19世纪的法国，为了彻底消灭皇室的印记，"蜂后"被改称为"产卵蜂"。在20世纪的俄罗斯，"察里津"改名为"斯大林格勒"，后来又改名为"伏尔加格勒"，因为沙皇和斯大林先后从圣人的位置上跌下来。[15]

在科学界，革命性的工作也会改变一些名称，它们当初的命名太随意了。以计算为例，我们无法摆脱术语"定点运算"和"浮点运算"，定点指的是小数点位置会移动，反之亦然。需要一场革命来改变这些东西（想一想法国的度量衡和俄罗斯的历法），这能说明它们对我们思维的控制非常大。

为了运用无关法则，我们通常依靠数学符号去除言语中的毛刺。要测试两个观察者是否一致，首先要把他们的观察结果正规化。因此，在赫里克的例子中，我们为每一对观察结果赋予一个任意的名字。可以是：

$$a = \{细麻布，随风飘舞\}$$

　　　* 就是在名字中表明自己的信仰。——译者注

第 **3** 章　系统与幻相

$$b = \{细麻布，纷纷扬扬\}$$

$$c = \{细麻布，疏忽\}$$

等。如果我们不考虑每位观查者的观察范围和粒度是否不同，这种符号还有进一步的好处，即消除了观察结果的子结构。

例如，在另一位诗人使用的语言中，衣衫（Dress）和边幅不修（Disorder）构成了单一的概念，称为"Dresorder"。在他的语言中，没有{细麻布，随风飘舞}这样的东西，只有"qualg"。没有{袖口，疏忽}，只有"rotz"。没有{鞋带，漫不经心}，只有"gliggle"。我们消除这些观察中的结构，进行如下转换：

$$x = \{qualg\}$$

$$y = \{rotz\}$$

$$z = \{gliggle\}$$

这样就把他的观点也简化为"一个符号对应一种观察结果"。通过这种方法，集合中的每个符号就准确地代表了那个观察者的一个观察结果。

一旦我们将观察者A（赫里克）的结果表示成：

$$\{a，b，c，\cdots\}$$

而把观察者B的结果表示成：

$$\{x，y，z，\cdots\}$$

一致性的问题就容易回答了。如果对于B中的每一个符号，A中永远不会出现两个不同的符号与之对应，那么A和B就是一致的。

假设A和B正在观察鸟。每次B说看见一只中北美走鹃时，A都说它是杜鹃。这是一致的，因为中北美走鹃就是杜鹃的一种。甚至B说看见了黄嘴鹃，而A仍然说是杜鹃，他们还是一致的，因为黄嘴鹃是另一种杜鹃。A只是不能像B一样细致地辨别出杜鹃的两个不同种类。

如果A和B是一致的，那么每当我们听到B的观察结果，就能猜出A要说什么。B说中北美走鹃，A说杜鹃；B说黄嘴鹃，A还是说杜鹃；B说猎鹰，A说鹰。图3-5从几个方面说明了这种关系。我们先是在一张图中用箭头连接了B的观察和A的观察，然后用表格同样给出了B的结果与A的结果的映射关系。但是，如果我们试图构造反向映射，会发现当A说杜鹃时，我们不能预测B会说什么。

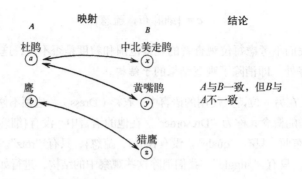

如果B说	x	y	z
那么A说	a	a	b

或

中北美走鹃	黄嘴鹃	猎鹰
杜鹃	杜鹃	鹰

如果A说	a	b
那么B说	x? y?	z

或

杜鹃	鹰
中北美走鹃? 黄嘴鹃?	猎鹰

图3-5 一个观察者的观察结果决定另一个观察者的观察结果

从数学上讲，我们把这种情况总结为：从B到A是多对一映射，而从A到B是一对多映射。既然A中的一个元素可以映射到B中的多个元素，我们就认为B和A不一致，即使这时A与B是一致的。

既然A与B是完全一致的，那么A的观察对B来说就没有任何附加信息。诗人赫里克能够指出种种边幅不修的服饰穿法，而另一个人只会说："瞧，她的衣服搭配得多糟！"所以他们一个是诗人一个是庸人。如果我们有了诗人，就可以不要庸人，因为诗人优于庸人。

在一般情形下，两个观察者之间很难以上述方式优于对方。图3-6是A和B谁也不优于对方的情形。有时候我们可以从A那儿获得一些从B那里得不到的东西，反之亦然。图3-7给出了一种解释，设想A和B都在看一张桌子，其中一位从桌子的这一边看，另一位则从相邻的一边看。因为桌面与观察者的眼睛齐平，所以如果我们在上面扔一枚硬币，每个人都能说出硬币落在了他的左边还是右边，却不能说出硬币离自己有多远。另外，两人都可以说出硬币是在桌上还是掉到了桌外。

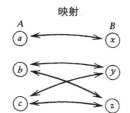

映射   结论

A   B

a ⟷ x

b ⟷ y A和B都不优于对方

c ⟷ z

如果B说	x	y	z
那么A说	a	b 或 c?	b 或 c?

如果A说	a	b	c
那么B说	x	y 或 z?	y 或 z?

图3-6　两个不一致的观察者

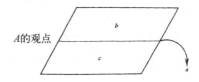

A的观点

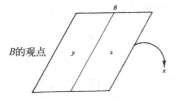

B的观点

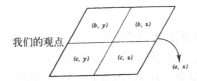

我们的观点

图3-7　两种观点以及第三种观点

对于A，在观察范围内会有三种结果：

$$a = 硬币不在桌子上$$

$$b = 硬币在桌子上，在我的左侧$$

$$c = 硬币在桌子上，在我的右侧$$

B也有三种观察结果：

$$x = 硬币不在桌子上$$

$$y = 硬币在桌子上，在我的右侧$$

$$z = 硬币在桌子上，在我的左侧$$

如果我们扔出的硬币掉到了地上，那么A和B都能一致判断出它没有落在桌面上，不过A称之为情况a，B称之为x。然而，如果硬币落在桌面上，我们就无法根据B的说法推测A的说法，反之亦然。假使我们能恰当地利用他们的信息，两人都会对我们正确判断硬币落在哪里做出贡献。

在这段讨论中，我们假定自己处于一个特殊的位置，即图3-7中所谓的"我们的观点"。很容易想象，在谈论其他人的观点时，我们能够以某种方式"高出桌面"，实际上却没有理由相信自己有这种超级观察能力。但对于简单的情形，通过引入一个明显虚构的"超级观察者"，我们就可以谈论不同的观点。这个超级观察者不需要无所不知，只要观察能力在其他观察者之上即可。比如说，在图3-7中，这个超级观察者需要能区分以下5种情况：

$$[(a, r), (b, y), (b, z), (c, y), (c, z)]$$

而对于图3-5，他只需拥有B的能力，因为B优于A。

实际上，如果我们说超级观察者必须优于所有其他观察者，就准确地定义了超级观察者的能力。在极端情况下，如果超级观察者的观察结果集是其他所有观察者的结果集的笛卡儿积，这种占优就能确保，如图3-8所示。为什么？因为乘积集合包含了其他观察结果的所有可能组合，这也是我们喜欢笛卡儿积的原因。

如前所述，笛卡儿积是我们要考虑的最大范围。在图3-7中，只需要乘积集合9个成员中的5个，而在图3-5中，超级观察者仅需分辨3种不同的结果。不过，如果我们需要完全一般化，而且除了每个观察者的观察范围之外我们一无所知，那就必须考虑这种最大的情况。

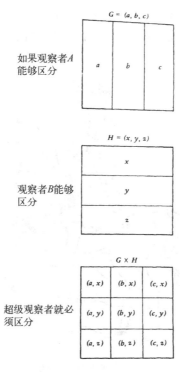

图3-8 超级观察者的组合观察能力

请注意,这里引入了一个组合元素:超级观察者的能力尽管总是有限的,但其增长速度却比一般观察者快得多。因此,如果有2个观察者,每人都能分辨10种情形,那么超级观察者就必须能区分10×10(即10^2)种情形。如果加入第三个类似的观察者,这个数就将增长到10^3,即1000。换句话说,随着观察者人数的增加,超级观察者的分辨能力将以指数形式增长。

在讨论多种观点时,组合增长是关键的困难。因此可以设想,超级观察者也许适用于简单的情形,即使是对于中等复杂程度,也很难有超级观察者。我们可以采用超级观察者的技巧来讨论简单的情形,但千万不要设想实际存在超级观察者。我们更要避免把自己当成超级观察者,认为自己能看到普通人看不到的东西。否则,A就会说我们是杜鹃!

3.6　思考题

1. 儿童游戏

当事物重复出现时,要求观察者能认出"相同"状态,这似乎相当容易,不过看到图3-9中的这类游戏时，我们的信心可能会发生动摇。请尝试解开迷题，然后根据你的经验，谈谈对观察者和观察结果的理解。

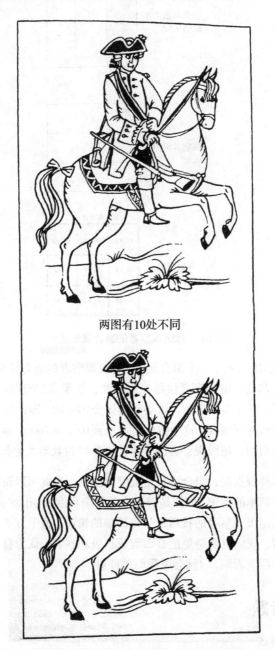

两图有10处不同

图3-9　两张图有10处不同：分别在哪里？这是欧洲的流行游戏。例子来源：*Femina*,
　　　25 June 1971 (10, Rue du Valentin, 1004 Lausanne, Switzerland)

2. 社会学

社会科学家特别倾向于用隐式规则来定义集合，这些规则可能令读者感到模棱两可。请考虑下面菲利普·斯莱特（Philip Slater）的论述：

> 像许许多多成功的19世纪乌托邦社团一样（比如Oneida和Amana），清教徒们自从卷入成功的经济企业后就受到了侵蚀……

请研究隐含集合的规模（"许许多多"），选择的规则（成功的19世纪乌托邦社团），以及作为典型成员的例子（Oneida和Amana）。

参考：Philip Slater, *The Pursuit of Loneliness*. Boston: Beacon Press, 1970 John Humphrey Noyes, *History of American Socialisms*. New York: Dover, 1966

3. 集合论

针对下面的集合，至少给出5个貌似合理的后续元素：

$$\{1, 2, 3, \cdots\}$$

$$\{\text{Mathew, Mark, } \cdots\}$$

$$\{\text{痛苦, 咽喉, 脸, } \cdots\}$$

4. 药理学

> 如果人们发现药物的"副作用"比其主要功效更有意思，有时候就会给它重新贴上标签。神经调节药物的历史就充满了这样的故事。吩噻嗪最初是一种用于泌尿系统的杀菌药，氯丙嗪当时是一种在手术前帮助病人入眠的麻醉药……直到后来，人们才认识到它们的主要作用在于调节神经。锂元素、安非他命、异烟酰异丙肼等药物"特殊"功效的发现也有相同的历史。

参考：Henry L. Lennard, et al., "Hazards Implicit in Prescribing Psychoactive Drugs." *Science*, 169, 438 (1970)

请基于相对–绝对思维方式来探讨"副作用"和"主要功效"的概念。

5. 物理学（弹性理论）

请基于相对–绝对思维方式来讨论下述命题：

> 通常，当且仅当形变是根据经典线性弹性理论计算出来的，并且精度足够时，才能称弹性结构发生了"微小"的形变。

6. 大学生活

据报道，某些大学不再开除"学业失败"的人。请讨论这种变化对大学在社会中的作用有何影响。

7. 人口统计学

村庄是人类学家和社会学家经常研究的系统。村庄系统的一个方面就是"生活在这个村庄的人的集合"。请讨论如何列举这个集合的元素，以及会遇到哪些实际上和概念上的问题。

8. 法律

讨论法官或仲裁者与超级观察者的相似之处。

9. 作为观察结果的历史

> 假设某军官刚刚赢得一场战役的胜利。他立即亲自着手记录该战役。他制订了整个作战计划并亲自指挥了整个战役，并且因为战场规模不大（为了使论证更清楚，不妨假设一场历史上发生的局部战役），他本人基本能够看到完整的冲突的发展。即使如此，我们也无法否认，在几个重要的阶段，他不得不参考副官的报告。作为一个记录者，他只要像几小时前那样再讲一遍即可。而作为指挥官，指挥自己的人马参与整个波澜起伏的战役，我们认为什么样的信息对他最重要呢？是他从望远镜中看到的混乱场面，还是信使或副官们匆匆送来的报告？军队的指挥官很少能成为自己的观察者。同时，就算在这种有利的假设中，什么变成了这种"直接"观察的奇迹，而有人声称只有这种观察才有权研究当今的社会？
>
> 事实上，这只不过是一种错觉，至少只要这个观察者稍稍拓展一下自己的视野就行了。我们所看到的，一半经他人之眼。

请讨论在你本人的领域中，哪些"观察"源于"他人之眼"？

参考：Marc Bloch, *The Historian's Craft*, p. 49. New York: Vintage Books, 1953

10. 学校和香蕉法则

我的学生吉米·艾迪斯曾经给出这样一个香蕉法则的实例：

> 我想回到学校去，可是我还不知道如何停下来。

另外一位不知名的学生说道：

> 学生在学校接受了怀疑论的教育，但没人教他们何时停止，所以他们只好自杀了事。

请基于香蕉法则讨论上述说法。根据自己的校园经历举出几个例子，说明学校如何遵守该法则。对于学校应该怎样教学生，让他们知道何时（或如何）停止应用学到的东西提出你的建议。

3.7　参考读物

推荐阅读

1. Authur, D. Hall and R. E. Fagen, "Definition of System." *In Modern Systems Research for the Behavioral Scientist*, Walter Buckley, Ed. Chicago: Aldine, 1968.
2. Eleanor Gibson, "The Development of Perception as an Adaptive Process." *American Scientist*, 58, 98 (January-February 1970).

建议阅读

1. E. H. Gombrich, *Art and Illusion*. New York: Pantheon Books, 1961.
2. Studs Terkel, *Hard Times*. New York: Avon Books, 1971.

3.8 符号练习[*]

1. 写出赫里克诗歌中"每行第一个单词"构成的集合。该集合有多少个元素？

2. 按照单词的首字母将练习1中的元素分成子集，也就是说，子集中的所有单词都有同样的首字母。

3. 用一个符号代表练习2中的每个子集，该符号就是子集中每个单词的首字母。写出所有符号的集合，并描述它是一个怎样的集合。

4. 重复练习2和练习3，但是基于每行最后一个单词和最后一个字母。

5. 假设我们有两个观察者，"首字母"和"尾字母"，分别只能看到赫里克诗歌中每行的第一个字母和最后一个字母。写出超级观察者必须能够分辨的乘积集合，以确保其能成为这两个观察者的超级观察者。

6. 练习5中的超级观察者真的需要能分辨乘积集合的每一个元素吗？为什么？

7. 假设出现了第三个观察者"奇偶"，他不知用了什么方法，只能辨别出每一行是奇数行还是偶数行，所以他的观察集合是{奇，偶}，其中行1、3、5、7、9、11、13属于"奇"，行2、4、6、8、10、12、14属于"偶"。"奇偶"优于"首字母"或"尾字母"吗？请画出回答该问题所需的映射图。

8. 如果练习6中的超级观察者想优于"奇偶"，他需要扩展自己的能力吗？

3.9 符号练习答案

1. {A, Kindles, Into, An, Enthralls, Ribbands, In, I, Do, Is}

请注意，在集合理论中，已知的重复元素按传统需要舍弃，所以A只需出现一次，所以只有10个元素，即使这是一首14行诗。

2. 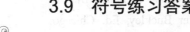{(A, An), Kindles, (Into, In, I, Is), Enthralls, Ribbands, Do}

从技术上讲，既然只有一个元素也是一个集合，就应该将其用括弧括起

<small>* 只要引入新的符号，我就会提供练习，方便读者实践。因为受过数学训练的读者可能不需要做这些练习，所以我把它们和思考题分开。而且，它们也不是思考题，只是简单的符号练习。读者应该对照答案，检验是否掌握了符号。</small>

来，但为了简明，我们均作了省略。

3. {A,K,I,E,R,D}

这是赫里克诗歌每行的首字母组成的集合。

4. {dress, wantonness, thrown, distraction, there, stomacher, thereby, confusedly, note, petticoat, tie, civility, art, part}

{(dress, wantonness), (thrown, distraction), (there, note, tie), stomacher, (thereby, confusedly, civility), (petticoat, art, part)}

{S,N,E,R, Y,T}

这是赫里克诗歌每行的末尾字母组成的集合。

5. {(A,S), (A,N), (A,E), (A,R), (A,Y), (A,T)
   (K,S), (K,N), (K,E), (K,R), (K,Y), (K,T)
   (I,S), (I,N), (I,E), (I,R), (I,Y), (I,T)
   (E,S), (E,N), (E,E), (E,R), (E,Y), (E,T)
   (R,S), (R,N), (R,E), (R,R), (R,Y), (R,T)
   (D,S), (D,N), (D,E), (D,R), (D,Y), (D,T)}

6. 对这首诗歌，超级观察者只需辨认以下11种不同的组合：

{(A,S), (K,S), (A,N), (I,N), (A,E), (E,R), (A,Y), (R,Y), (I,T), (I,Y), (D,T)}

原因是，诗歌共14行，所以他没有必要分辨多于14种的不同状态；其次，有3行都是{A,E}，2行是{I,T}，所以又减少了3种可能的组合，因为那一对观察者一共只能区分11行。

7. "首字母"优于这个观察者，但"尾字母"却不是。从"首字母"到"奇偶"的映射为：

首字母说	A K I E R D
奇偶说	O E E E E O

这是完全可预测的，因为首字母具有很强的奇偶模式。
    我们能给出的最好的"尾字母"到"奇偶"的映射是：

尾字母说	S N E R Y T
奇偶说	? ? O E ? ?

因为相邻两行的韵脚常常有同样的尾字母。

8. 不需要。因为超级观察者已经优于"首字母"，而"首字母"又优于"奇偶"，所以超级观察者优于"奇偶"。因此我们可以知道，"优于"关系是一种可传递的关系。

观察的解释

村里有人中了六合彩的年度大奖，奖品是两匹骏马和一辆漂亮的马车。村里的无赖要求搭乘他的新马车，并向他打听："你是怎么猜中获奖号码的，有什么诀窍吗？"

这个反应迟钝的家伙没听出话里有刺，便回答："哦，这很简单。你看，我的幸运数字是7，而抽奖是在本月7号举行的，我就用7乘7得到了63，也就是中奖号码。"

"你个傻瓜！"无赖大笑，差点从座位上跌下来。"你不知道7乘7是49吗？"

"哦，"这个人终于发现自己被嘲笑了，便说，"你只不过是嫉妒罢了。"

——民间故事

4.1 状态

状态就是一种在重现时可以被识别的情形。

——佚名

上一章结束时，我们提出了严厉的警告（尽量不要假想我们是超级观察者，能看到普通人看不到的东西），但在接下来对观察的讨论中，让我们暂时把这个警告放在一边。设想你走进了一个奇怪的房间，里面有一个大黑箱子。由于当时房间里没有其他观察者，我们不得不假定，你不仅是一个超级观察者，而且是一个超超级观察者。也就是说，我们不得不假设，无论怎样的观察者最终进入房间，你的观察能力都超过他们。

实际上，只会有另外两名观察者，他们不久就会到来。但是请注意，超超级观察者的概念很像"事实"的概念，它包含了"所有可能"的观察。换句话说，我们所谓的"事实"与某些人所说的"上帝"十分接近。

现在，你就可以在一个放着黑箱子的房间里扮演上帝了。因为你有超超级能力，所以马上注意到，箱子上值得观察的东西只有一个红灯（R）、一个绿灯（G）和一个哨子（W），我们将这些作为你的观察范围，记作：

$$S = \{R, G, W\}$$

灯要么开，要么关，所以我们说它们有两种可能的"状态"。尝试一下你新学的表示法技巧，将"开"的状态标识为1，"关"的状态标识为2。这些数字不像度量结果一样代表数值，只是简单的名称而已，就像x、a、S或Katz一样。

因此，两个灯的观察结果范围是：

$$R = (1, 2)$$

$$G = (1, 2)$$

哨子稍微复杂一点，有6种音调，记作：

$$W = (1, 2, 3, 4, 5, 6)$$

由于观察的范围是：

$$S = \{R, G, W\}$$

利用笛卡儿积，我们马上可以写出所有可能的状态，如图4-1所示。因为你要观察黑箱的行为，所以将乘积集合的元素简写为：

$$a = (1, 1, 1)$$

$$b = (1, 1, 2)$$

等等，如图4-1所示。

简写有助于记录箱子的行为，因为你虽然有超级的观察能力，却没有超级的记忆力。你掏出纸和笔，记下观察结果的顺序，可能是：

$$...a n i k a n i k a n i k a n i k a...$$

第 ❹ 章 观察的解释

R	G	W	名称
1	1	1	a
1	1	2	b
1	1	3	c
1	1	4	d
1	1	5	e
1	1	6	f
1	2	1	g
1	2	2	h
1	2	3	i
1	2	4	j
1	2	5	k
1	2	6	l
2	1	1	m
2	1	2	n
2	1	3	o
2	1	4	p
2	1	5	q
2	1	6	r
2	2	1	s
2	2	2	t
2	2	3	u
2	2	4	v
2	2	5	w
2	2	6	x

图4-1 黑箱的所有可能状态

比起下面的写法，上面的符号序列要短得多：

> 两个灯亮且伴有低音哨声，然后红灯灭且哨声高了一调，然后哨声再高了一调且红灯亮绿灯灭，然后灯不变且哨声升高两个调，然后绿灯亮，哨声降至最低调……

可以验证，它们说的是一回事。

所幸序列有大量的规律或约束，否则写的东西要多得多。像往常一样，要对问题的量级做出正确的判断，聪明的问法是："要多写多少？"我们不能简单地问："有多少可能的序列？"因为序列长度可能是无限的，所以可能的序列会无限多。我们可以问："当序列长度增加时，序列数目增加的速度有多快？"

如果一个序列中包含2次观察结果，那么序列就是从24个状态中选择2次。所有可能的序列是乘积集合，即有24^2种可能。因此，当序列长度为2时，就有24^2（即576）种可能。同理，序列长度为3时，有24^3（约14 000）种可能；长度为4时，有24^4（约300 000）种可能。一般来说，序列长度为n时，有24^n种可能。也就是说，可能的序列数随序列长度的增长呈指数级增长。

如果想记住所有看到的东西，超级观察者需要具有超强的记忆力，否则就必须非常走运，看到的只是高度约束的序列。因为我们的序列都是高度约束的，所以可以采用一些简洁的方式来记录观察结果，如图4-2所示。首先，我们写出每一个前驱–后继对，从中可以大致看出约束的程度。在576种可能的有序对中，只有4种会实际发生。

有序对
(a, n)
(n, i)
(i, k)
(k, a)

映射

状态	a	n	i	k	从 (a, n, i, k)
跟随状态	n	i	k	a	到 (a, n, i, k)

有向图

图4-2 同一序列的三种表示法

由于有序对非常少，所以很容易把它们写成表格的形式，表示从观察状态的集合到自身的映射（参见图4-2）。在前一章中，我们曾用这种映射形式来说明两种观点的一致性。但映射可以表示任何两个集合之间的关系（更确切地说，是从任何集合到任何其他集合），包括到其自身。

本例中，映射表示的是序列，也就是另一种形式的关系，即两个相邻观察结果之间的关系。因为这个映射中没有二义性（也就是说，它不是一对多的映射），所以知道一个观察结果后，这个序列就是完全可预测的。如果采用有向图表示法，用箭头从每个状态指向后续状态，这种可预测性会更加明显（参见图4-2）。每个箭头对应一个有序对，或对应映射表中的一个表项。

尽管图4-2中的三种表现形式在数学上是等价的，但在心理学上并不相同。例如，在有向图中，我们可以立即看出序列构成一个循环，而在另两种表现形式中就没那么明显。

如果超级观察者也有感情，另一种让你意识到循环的方式就是感到厌倦。当然，你并不知道序列在任何情况下都不会变化，但在经过几百次重复后，你会归纳出："上帝呀，只要我不插手，它会永远这样循环下去。"

迄今为止，你一直是完全被动的观察者。尽管你无所不知（全知），但你不是无所不能（全能）。实际上，作为超级观察者，你是没有任何能力的：你无所不知但又毫无能力。

你一直在玩的游戏，就是系统研究者所谓的"黑箱"。"黑箱"游戏的规则禁止观察者看着黑箱"内部"而参与操纵。玩这个概念游戏的目的是加深对观察过程的理解。黑箱既可作为概念工具[1]，也可作为有效的教学工具[2]。但千万不要把它理解为一种有许多实际观察者的严谨模型。

黑箱所描述的观察者不会对研究系统产生任何影响。这个模型很适合天文学家研究不断扩张的宇宙，但当我们接近自己的家园时，这个模型就不行了。比如，一个茶杯大小、八只脚、毛茸茸的黑盒子正要爬出毛线篮子时，我们可以把它看成黑箱；但是，无畏的德国牧羊犬赫斯克利福对这只蜘蛛朋友有独特的研究方法。它先瞧一瞧，再嗅一嗅，然后用爪子左边拍拍，右边拍拍。使用爪子是违背黑箱规则的，但赫斯克利福并不了解这个游戏。它必须搞清楚，这个黑盒子是食物还是玩具。

只要有勇气，人类也会与他们观察的系统互动。即使是Daniel F.手拿一罐啤酒坐在电视前，也会在厌倦的时候换换频道。我们或许相信世界与被动感知的观察者无关，但我们肯定觉得世界与主动参与的观察者有关。

如果能够改变点什么，我们就不会这么厌倦，所以在你对黑箱丧失兴趣之前，我们暂时抛开简单黑箱游戏的规则，让你拥有某种非常有限的交互能力。

首先，你开始仔细欣赏它的爱德华时代的装饰。你一不小心触到了隐蔽的弹簧，一边的小门打开了，里面写着：

踢我

你想起了爱丽丝发现写着：

喝我

的瓶子时所发生的故事，最终好奇还是战胜了恐惧。像赫斯克利福一样，你小心翼翼地敲了一下箱子的底板。

灯光和声音的模式立刻发生了改变，我们看到的是：

$$...g\,m\,d\,f\,g\,m\,d\,f\,g\,m\,d\,f\,g...$$

这样的循环让你好奇了一阵，接着你又大胆地踢了一下，得到的结果是：

$$...b\,j\,r\,c\,q\,h\,p\,l\,o\,e\,b\,j\,r...$$

这个循环的周期长了一点，让你多看了一会儿。但当你继续踢箱子时，并没有发现新的行为，即只有这三种循环，你将它们画在图4-3中。尽管还有6种可能的状态你未见到，但你最终还是放弃了。你灰心丧气地离开了房间，去找些吃的，因为就算是超级观察者，经过长时间的观察也会觉得饿。

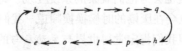

图4-3　黑箱的3种循环的有向图

不过你还要饿一会儿，因为你离开房间时碰到一位朋友，他问你：“里面有什么啊？”

"没什么。"你强忍着哈欠回答道，并试图隐藏胃里的咆哮，"只不过是19世纪的某种古怪发明。它的装饰不错，但没什么意思，只有3种循环，而且都是完全确定的。你要踢它才会改变它的循环周期，但似乎也没什么害处。"

"听起来挺奇怪的，"他说，"不如你在这儿等一下，我去瞅一眼，然后我们一起吃去午饭。"

午饭的承诺让你等了相当长的时间，但你的朋友再次出现时，他看起来有点困惑，又有点遗憾。"它的确不错，不过我觉得你不是一个合格的观察者。"

"'不是一个合格的观察者'是什么意思？我可是一个超超级观察者。"

"首先，它只有两种循环，而不是三种。其次，这两种循环根本不是确定的。"

"这不可能！"你答道，"它有两种4个状态的循环，还有一种10个状态的循环。我观察了一个半小时。"

正在这时，一个戴着海狸皮高帽子的陌生人走过来说："你说的3种循环是对的，不过最长的循环只有5个音符。"

"你怎么知道？你连那房间都没进去过。"

"那是我做的。谁能比我更了解我的音乐盒呢？"

"音乐盒？那不是音乐盒。"

"我说是，它就是。那是一个皇家音乐盒，是为红桃皇后准备的礼物……"

"看，"你打断他的话，"先不要说什么皇室。这本书的作者告诉我，我是一个超级观察者，其实是超超级观察者，所以只要我说它不是音乐盒，那么……"

"不要打岔！你能够看到全部，不等于你了解所有情况。"

"嗨，你们两个不要吵了。"你的朋友大声喊叫着走到你们中间，你们差点就动拳头了，"让我们理智一点。你也许是发明者，你也许是超级观察者，而我有物理学博士学位。我知道怎么观察。现在我们一块进去，我会证明你们都错了。显然只有两种循环。"

"如果的确如此，那一定是因为你一直踢，把它给踢坏了。可是，谁允许你踢我的机器的？"

"别扯了！那机器上明明写着'踢我'。"

你们三人一起走进房间，那个发明者说："你们看，'踢我'是皇后喜欢的说法，意思是'冲我叫喊'。音乐盒能够演奏三首国歌，想要改变音调，只需对它大声叫喊，这是皇后最喜欢做的。看着！"他大叫了一声，模式改变了。过了一会儿，又大叫了一声，于是模式再次改变。这时，大家齐声说：

"瞧，和我说的一样。"

4.2　眼−脑定律

很多年前，法国领事在课上给大家看了一段影片，至今我还记忆犹新。我当时在教授东南亚文化调查课，那段影片讲的是吴哥窟。其中有一个片段，可能有几分钟，一位颇具威严的白胡子老教授在给一位学者模样的人讲述废墟的一部分。一块脱落的雕塑碎片引起了老人的注意，于是他指给同伴看。不巧的是，一个高棉工人正好在碎片前面弯下腰，可能要做什么。那位年迈的考古学家毫不犹豫地用手中的扇子将这个柬埔寨人赶到了一边。对于法国媒体而言，这个殖民主义的小插曲太过平常，好像根本不存在一样。

——莫顿·H. 弗莱德（Morton H. Fried）[3]

当过一次超级观察者后，你应该再也不会惊讶于自己能看到但别人（就算是法国媒体）看不到了。通过对上一句中的"你"和"别人"应用无关法则，我们就得到了另一种深刻见解（总是有点难以接受）。也许我们把对话继续进行下去，就会知道为什么你和发明者差点要动手了。

发明者告诉我们音乐盒可以演奏6种不同的音符，这一点我们是知道的，但对那个物理学家有启发，因为他的耳朵有点问题，只能听到3种音符。我们又问起灯，发明者反问："什么灯？"

"正面的灯呀，红灯和绿灯？"

"它们什么也不是。只要有一个亮着就好了。那只是个安全装置，跟音

第4章　观察的解释

乐盒没什么关系。"

"要知道，"那个物理学家朋友插嘴道，"你不应该在设备上使用红灯，除非它表示危险。我在实验室里一直恪守这样的安全实践。我知道绿灯不重要，但红灯对设备有特殊的含义。你要知道，这一点你真应该改一改。"

迷题顿时解开了。因为发明者忽略了灯，所以他认为只有6种状态，即哨声的6种音调。对他来说，盒子的"功能"是已知的，这意味着他不必区分这么多状态，与你这位超级观察者不同。如图4-4所示，他的每个状态对应于我们的4个状态，图4-5展示了这对行为的影响。

状态	音调	我们对应的状态
A	1	(a, g, m, s)
B	2	(b, h, n, t)
C	3	(c, i, o, u)
D	4	(d, j, p, v)
E	5	(e, k, q, w)
F	6	(f, l, r, x)

图4-4　发明者的视角

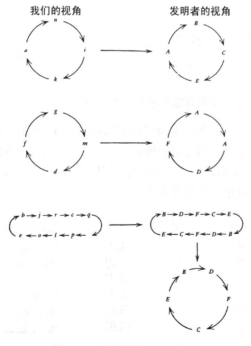

图4-5　对发明者视角的分析

因为发明者将我们的几个状态"揉成"了一个状态，所以我们可以映射超级观察者视角中的有向图，从而得到发明者的视角。例如，循环"$anik$"映射成"$ABCE$"。如果你的视角不能胜过发明者的视角，我们就不能用唯一的方式完成这种映射，同样，发明者也不能将他的视角映射到你的视角。

尽管你的每一个状态都对应发明者的一个状态，但你看到的结构是不一样的。比如说，你看到的是一个有10个状态的循环，而他看到的是只有5个状态的循环，即"$BDFCE$"反复两次。这就好比对于门卫来说是一个学年，而对于教务主任而言就是两个学期。

还有一个不同之处：在你的视角中"状态是确定的"，但在他的视角中不是。他画不出像图4-2那样的图，因为每个状态后面跟着的并非总是同样的状态。例如在第二种循环中，他既能看到（A，A）对，又能看到（A，D）对。而且，状态A也出现在第一种循环中，后面跟着的是B。所以，如果他刚来到机器前，看到状态A，便无法确定下面会是什么状态。

不过请注意，如果发明者能记住前两个状态，那他就可以预测下一个状态。A的后面可能是B、D或者A本身，但是序列（F，A）后面只可能是A。这种用思维能力替代观察能力的做法，说明了一条通用的观察者定律，即眼–脑定律：

在一定程度上，脑力可以弥补观察的不足。

根据对称性，我们立即可以得出脑–眼定律。

在一定程度上，观察可以弥补脑力的不足。

注意，你的朋友（他的不同视角如图4-6和图4-7所示）需要更强的记忆力来弥补观察的不足，因为如果他看到（V，W），后面跟着的可能是S或V。图4-6表明，他与发明者一样，观察到6种状态。显然，脑力不仅仅取决于所能区分的状态，还取决于其他因素。

状态	红灯	音调	我们的状态
S	1	(1,2)	(a, b, g, h)
T	2	(1,2)	(m, n, s, t)
U	1	(3,4)	(c, d, i, j)
V	2	(3,4)	(o, p, u, v)
W	1	(5,6)	(e, f, k, l)
X	2	(5,6)	(q, r, w, x)

图4-6　朋友的视角

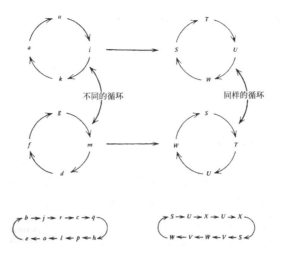

图4-7　对朋友视角的分析

　　眼–脑定律的许多例子顿时涌入脑海。与实习医生相比，有经验的医生只需要少得多的化验结果，就能做出相同的诊断。但在某种程度上，实习医生可以代替工作多年的化验员，尽管他还没有积累什么经验。夜间开车时往往会开得慢一些，这是为了有更多的时间来判断潜在的危险，以弥补视觉上的不足。我们会将事情记在小纸片上用来提醒自己，以便减轻记忆的负担。

　　对于没有任何约束的观察，眼–脑定律并非总能奏效。显然，如果未来与历史没有相似之处，记忆就没用了。那位物理学家被红灯和绿灯误导了，因为根据他的经验，机器的灯不会那样设计。他想得太多，结果看不到一个状态确定的系统。他又区分得太细，没发现黑箱"实际上"是一个音乐盒。

　　因为超级观察者准备做最大程度的区分，所以他不用记忆就能有效操作。尽管他肯定会看到微妙的细节，却很容易只见树木不见森林。正如发明家所说，"看到全部"不等于"了解所有情况"，因为了解意味着知道哪些细节可以忽略。我们的"学习"只是看到"同样"的情形反复出现。这就是我们所说的"状态"，这种情形如果重现，观察者就能再次识别。

　　区分过多的状态就是我们前面所说的一般化不足。人们通常认为科学家总是尽可能地得到精确的结果，在此基础上建立他们的理论。但在实践中，测量不是非常精确反而成了科学家的一件幸事。牛顿的万有引力定律基于开普勒的椭圆轨道理论，而开普勒是根据第谷·布拉赫的观测结果计算出椭圆轨道的。如果观测结果更精确一些（像我们现在能做到的一样），那么轨道就不能看成椭圆的，牛顿的工作会遇到很大的麻烦。如果有更精确的观测结果，那么第1章中提到的简化工作就要由牛顿来说清楚了，这将大大增加他的难度。

因此，"眼力"和"脑力"之间的平衡不能太偏向任何一方。科学的问题是要找到合适的折中。

4.3 广义热力学定律

> 比方说，如果有人问，把温度不同的两个铜块放在一个绝热的容器里，结果会怎样？大家都会说，最终铜块的温度会相同。当然，如果继续问你怎么知道，大家通常会说"这是自然界的规律"。……反之亦然……因为事实如此，所以是自然界的规律。
>
> ——约翰·R. 迪克松（John R. Dixon）和小奥尔登·H. 埃默里（Alden H. Emery, Jr.）[4]

对音乐盒的看法分歧说明，涉及复杂系统时，观察也变得复杂了。不过我们可以设想一些情形，在这些情形中三个观察者看到的东西一样。例如，如果箱子的实际行为是灯不变，音符的变化只有（1，3，5），那么三个观察者的观点是一致的。物理学家听不出音符1和音符2的区别。但是2没有出现，所以他的听力缺陷没有造成任何影响。而且，由于灯从未改变，所以作为超级观察者的你观察到的状态也会少一些。你永远不会看到（s，t，u，v，w，x）这样的状态，因为至少有一个灯是亮着的。

尽管三个观察者的观察能力大相径庭，但对系统表现出的某些行为，他们的观点是一致的，如图4-8所示。虽然观察取决于观察者的特点，但并不完全取决于这些特点。对这个问题有两种极端的看法："现实主义者"和"唯我论者"。"唯我论者"认为他的头脑之外不存在现实，而"现实主义者"认为他头脑中的都是现实。二者犯了相同的错误。

任何观察都包含两部分：人们早就知道这种双重性，却常常忘记。伽利略

> ……区分了本原性质和辅助性质——前者是物质内在的，后者是拥有某种本原性质的主体与人或动物观察者的感觉器官交互的产物。[5]

伽利略的许多学术继承人忘记了这种区别，这让我们貌似谨慎地提出了一条定律，即所谓的广义热力学定律：

在没有特殊限制的情况下，出现概率大的状态比出现概率小的状态更容易被观察到。

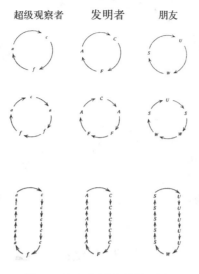

图4-8　演奏3种音调的音乐盒

尽管可能会遭到物理学家的反对，但我们还是将这个定律称作广义热力学定律，因为它有两个非常重要的部分，对应热力学第一和第二定律的一般情况。但我们记得，热力学第一定律涉及所谓的"能量"守恒，它似乎遵从相当严格的约束条件。然而第二定律就不同了，它涉及能力有限的观察者，他们观察大量粒子组成的系统。通过比较这两个定律与伽利略的本原性质和辅助性质，可以将我们的定律改写为如下内容。

越常见的事物发生得越频繁：

(1) 因为有某种物理上的原因导致更偏爱某些状态（第一定律）

或者：

(2) 因为有某种精神上的原因（第二定律）

因为现实主义信仰占优势，所以没必要对第一个理由多做解释，尽管它比乍看上去要复杂。提出这个定律是为了纠正过于现实主义的想法，它让思想窒息。下面通过一个详细的例子来解释第二定律。

图4-9中有两手牌，哪个更像打桥牌时见到的？（你并不需要懂得如何打桥牌。我们实际上是在说如何公平地分发13张牌。）

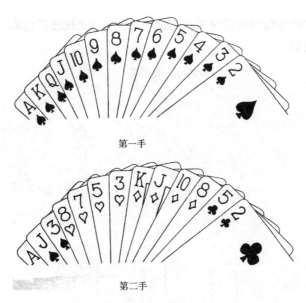

第一手

第二手

图4-9 两手桥牌

大部分会打桥牌的人会立即回答，第二手牌更像。不过对统计学家而言，这两手牌出现的可能性是一样的。为什么？如果是公平地发牌，则任何精确设定的13张牌型出现的概率与另一手设定牌型的出现概率是一样的。实际上，统计学家所谓的"公平发牌"就是这个意思。这与我们建立在无关法则基础上的一般系统直觉也是一致的。纸牌会在乎它上面画的是什么吗？

但是，桥牌手的直觉就不同了。为什么他们凭直觉认为第二手牌比第一手牌更合乎实际呢？原因在于桥牌的游戏规则，人们制订规则，对某些牌的组合赋予了重要的意义，否则它们只是无关紧要的组合。

当我们学打牌时，会学习忽略某些对游戏来说并不重要的部分。对于像"赌场战争"（War）、"老处女"（Old Maid）这样的游戏，拿到怎样的一手牌并不重要，所以不必在意。

在桥牌中，大牌通常很重要，而小于10的牌通常不重要。当桥牌高手用5个"小"红桃做成一副牌时，我们总会留下深刻的印象。桥牌书籍总是把小牌印成无名的x以显示其不重要，就像政府总是把我们看成无名的统计数字来暗示我们不重要一样。在典型的桥牌课程里，我们会看到图4-10所示的第三手牌。看到这手牌时，我们会理解桥牌手回答类似问题的困难：

第一手牌和第三手牌哪个更像一手牌？

图4-10 不是一手牌的"一手牌"

大多数桥牌手只是隐约地知道，第三手牌并不是一手牌，而是代表了很多手牌。第二手牌恰巧是所谓的第三手牌集合中的一种情况。当桥牌手看到第二手那样的牌时，会下意识地进行很多操作，比如查"点数"、查"分布"或忽略"小牌"。因此，当我们给他看图4-9时，他会认为我们在问：

第一和第二这两手扑克牌，哪个出现的可能性更大？

在桥牌手眼中，第一手那样的牌只有一种，这是必胜无疑的黑桃大满贯牌，是最佳牌型。然而第二手牌就很"普通"了，第三手牌代表的集合中的任何一种都跟它差不多。虽然我们所说的"第三手牌"集合中包含了上百万种可能性，但奇怪的是，出现第二手牌的可能性还不到百万分之一！因为桥牌手根据自己的经验，将我们的问题转换成了另外的问题——从这个角度看，他的回答是完全正确的。

我们习惯性地用这种方式来转换问题。想想统计学家又是怎样理解我们的问题的：

哪种情况更有可能看到……

我们平常说话一般是比较随意的，所以统计学家把"看到"转化成"发生"，这就导致了他的误解。在实际的桥牌游戏中，第一手牌被看到的概率甚至比第三手牌要大得多！为什么？因为尽管第三手牌出现的概率大，但它几乎不会被看到，也就是说，不会被玩牌的人特别注意到。虽然第一手牌很少出现，但一旦出现，肯定会登在晨报上，因为对于桥牌界来说，这的确是一个轰动的消息。

牌的重要性以及它们的组合方式明显是精神上的原因，这使得某些牌型比其他牌型更常见。这种说法的前提是"公平发牌"，换句话说，偏爱特定的牌型没有物理上的理由。当然，那些常打桥牌的人倒是知道会有这种物理上的原因。在友好的牌局中，如果某人离开牌桌几分钟，回来时可能会发现已经给他发了13张黑桃。只要他不是太容易上当，看到牌时他一定会大笑起来，因为他知道他的朋友搞了鬼。

但他又怎么知道他的同伴们搞了鬼呢？因为他知道，公平发牌时，出现这种情况几乎是不可能的。虽然拿到另一手牌的概率也一样，但是我们不会认为每一手牌都是不公平发牌导致的。如果某种情况既引人注目又不大可能，我们就会困惑不解。是该相信自己的眼睛，还是引入某种特殊的假设？是该通知报社，还是指责同伴们搞鬼？只有傻瓜才会给报社打电话。即使他打了电话，也没人会相信。

同样，假定观察结果必须与现有理论一致，这就在科学研究中引入了保守主义。如果观察结果与现有理论不一致，则很可能被当作"错误"而丢弃。如果观察结果是不可重复的，它就永远丢失了，从而导致选择"积极"的结果。研究人员对历史数据进行挖掘时，这种选择表现得非常明显，尤其在利用过去的天文学家的观察结果做时间上的研究时，那些观测结果是现在无法获得的。这种在值得怀疑的观察结果上标定时间和地点的过程，就是罗伯特·牛顿（Robert Newton）[6]所谓的"识别游戏"，而且他还漂亮地指出如何利用这一过程得到"经典"的结果，即使待识别的"原始"数据是一堆随机数。

当然，完全用理论代替观察是不科学的。更糟的是走过场的观察，它丢弃了所有与理论不符的观察结果，认为它们是伪造的。就像维也纳的女士们喝茶之前总要先称一称体重，如果轻了一公斤，她们就会多吃一块蛋糕。如果重了一公斤，她们就会说体重秤出了问题，仍然要多吃一块蛋糕。

这就是问题所在。对于科学研究来说，世界上详尽的原始数据实在太多了。没有两种情况完全相同，除非是人为的。我们看到的每个汽车牌照都是一个奇迹。每个人的出生是一个更大的奇迹，那是10^{100}种可能的基因组合中的一种。对于超级观察者来说，任何复杂系统的每个特定状态都是如此。

"状态就是一种在重现时可以被识别的情形。"但如果我们不把多个状态揉成一个"状态"，任何状态都不会重现。因此，为了学习，我们必须放弃状态的某些潜在区别，放弃学习所有细节的可能。或者，我们可以将其写成揉团定律：

如果我们想学点什么，一定不能想着什么都学。

实例？俯拾皆是。有一类东西叫"书"，另一类叫"梯子"。如果我们不能区分二者，就会在图书馆里浪费很多时间。假设我们需要一本放在书架顶层的书，而手边又没有梯子。如果能够稍微放宽一点思路，我们可以搬来一叠书，然后站在上面。心理学家用这个问题进行测试时，一些人想了几个小时才明白怎样拿到书架顶层的书，还有些人最终也没弄明白。

所有的研究领域都是这样。如果心理学家认为每只白鼠都是一个奇迹，那就没有心理学了；如果历史学家认为每场战争都是一个奇迹，那就没有历史学了；如果神学家认为每个奇迹都是一个奇迹，那就没有宗教信仰了。因为每个奇迹都是奇迹集合的一员，所以并不是完全地独特。

科学不处理奇迹，也不能处理奇迹。科学只处理重复的事件。每一种科学都必须有一些特有的方式，用以糅合它观察的系统的状态，以便产生重复。怎么糅合？当然不是随意糅合，而是以历史经验决定的方式，即对这门科学而言可行的方式。随着科学逐渐成熟，"脑"逐渐代替了"眼"。到最后，仅通过经验性的观察几乎不可能打破一种科学范式（传统的糅合方式）。

4.4　函数符号与简化思想

> 通过数学方法，我们的操作要容易得多，代价是损失了一定程度的复杂内容。如果忘记这些代价，实际上我们也很容易把这些代价抛诸脑后，那么玩弄符号的便捷可能就是我们的祸根。我想说的是，数学在所有应用领域中都是个出色的仆人，但是个糟糕的主人。作为仆人，它相当出色，以至于容易变成不忠诚的管家，篡夺主人的地位。
>
> ——肯尼斯·伯丁（Kenneth Boulding）[7]

观察的黑箱模型揭示了调查研究过程的某些方面，但容易基于被动的视角看待整件事。观察者既不能改变箱子，也不能改变他自身。在实际情况中，观察者必须自己定义观察的范围和粒度，即广度和深度。由于这些特征可能对观察起决定性的作用，我们不能一挥手就略过这一过程。

当观察者选择了某一特定的观察范围时，实际上他是在宣称，其中包含的东西是重要的特征，或者至少是他所能观察的事情中最重要的。对于这种情况，数学上有一种简单的记法，称为函数符号。例如，我们写下：

$$z = f(a, b, x)$$

（读作，"z是a、b和x的函数"，或者说"z依赖于a、b和x"），就是明确表示z依赖于a、b和x。而且，就我们目前所知道或者所关心的而言，Z只依赖于a、b和x。小写字母f习惯上用来表示"……的函数"，当然也可以使用其他字母，比如可以写成：

$$y = g(a, b, x)$$

我们可以说y也是a、b和x的函数，但是使用字母g，我们是想强调y是a、b和x的另一个函数。也就是说，尽管y和z依赖同样的东西，但它们依赖的方式不同。

函数符号在一般系统思维中特别重要，因为当我们还不能准确描述系统的行为特征时，就可以利用它表示该系统的部分知识。例如，牛顿在给出万有引力的确切表示形式之前，可能会说：

$$F = f(M, m, r)$$

这样表示说明两个物体之间的引力（F），仅依赖于两个物体的质量（M和m）和它们之间的距离（r）。一旦走到这一步，得出确切的函数表示（万有引力定律）就很容易了。

函数符号也可以和显式公式同时使用，表示那种介于函数依赖和确切公式之间的中间知识阶段。如果牛顿发现平方反比关系比发现质量乘积要早，他可能会把他的知识总结成：

$$F = \frac{g(m, M)}{r^2}$$

也就是说，引力与距离的平方成反比，与质量存在某种不确定的函数关系。

同样，如果我们没有完全掌握函数依赖关系，在函数符号中也可以使用省略号（…），比如牛顿如果这样写：

$$F = \frac{h(m,\ M, \cdots)}{r^2}$$

意思是他已经知道引力与距离呈反比关系，也知道引力与质量之间有某种关系，而且可能涉及其他未知因素。

基于简单的函数关系所包含的比较低层的具体知识，我们可以进行许多一般性的讨论。想想我们关于无关法则的讨论，研究者给出了一个公式：

$$D = f(S,\ R)$$

其中：

$$D = 选择的困难程度$$
$$S = 选中情况的百分比$$
$$R = 未选中（拒绝的）情况的百分比$$

我们不需要知道公式的任何具体细节，通过无关法则就可以观察到：

$$f(S,\ R) = D = f(R,\ S)$$

因为难度肯定与情况的命名无关。这个函数公式表明，交换独立变量的位置不会改变函数值 D，除非公式本身有错误。通过用函数符号表示整个论证，我们简化了更麻烦的文字论证和数值例子，前一章曾用它们来说明同样的观点。

函数符号可以用来表示一个模型所包含的观察范围的扩大。在第3章温度计的例子中，第一个模型表明：

$$T = f(W)$$

其中：

$$T = 温度计上显示的温度$$
$$W = 水温$$

第二个模型考虑到了读数的缓慢上升：

$$T = f(W, I, t,)$$

其中：

$$I = 初始空气温度$$
$$t = 浸入的时间$$

（小写t几乎总是用来表示时间。）最后一个模型来自观察：

$$T = f(W, I, t, D)$$

其中：

$$D = 描述水银和玻璃之间差别的变量$$

为了进一步改进模型，我们可以用类似的形式，将D表示成其他量的函数。即使对D依赖于什么一无所知，也可以用函数符号表示我们在时间允许的时候，有意在这方面进一步研究。例如，可以写成：

$$D = g(\cdots)$$

这可以明确我们的意图，提醒我们回过头来研究这个问题。

在形式

$$T = f(W, I, t, D)$$

中，我们或多或少假定"独立变量"（括号中的符号）是可以直接观察的。函数符号不一定意味着独立变量是"独立的"，即它们不依赖于其他任何因素。相反，独立变量可以解释为一种声明，对于当前的讨论，我们没有兴趣进一步研究它们的函数依赖关系。

如果我们想强调这些更深层的依赖关系，可以将两个或更多的函数复合在一起，比如：

$$T = f(W, I, t, g(\cdots))$$

这样表示含义明确，表达简明。

作为复合函数的例子，请考虑我们曾讨论的观察者的优势关系。如果观察者B优于观察者A，则A所能观察到的一切都可以通过B的相应观察来预测，换句话说：

$$A = f(B)$$

因为只需要B就能决定A。符号：

$$B = g(A, \cdots)$$

或者：

$$B = g(A, ?\ )$$

生动地说明，虽然B的部分观测信息可以从A的观测结果中推导出来，但是可能还有其他决定因素，所以A不优于B。

如果有3个观察者：

$$A = f(B)$$
$$B = f(C)$$

通过复合，可以表示为：

$$A = f(g(C))$$

这样我们可以推断出存在另外的函数h，使得：

$$A = h(C)$$

换句话说，如果A仅依赖于B，而B仅依赖于C，那么可以说A仅依赖于C，尽管我们不知道这些依赖关系的确切表示。因此，我们可以断定C也优于A。

由于科学"解释"总是将一种现象简化为其他现象的条件，所以函数分解的表示法很有诱惑力。如果我们从某个函数开始：

$$z = f(x, y)$$

并且不满意止步于x和y，我们可以分解它们，将其表示成其他现象的函数：

$$x = g(a, b, c)$$
$$y = h(c, d)$$

那么，科学家进行这种分解时会犯怎样的错呢？这个问题主要有两个答案。

(1) 在某一阶段，他可能在一个函数关系中省略了一些东西，比如：

$$Z = f(x, y)$$

而实际上应该是：

$$Z = f(x, y, \cdots)$$

进一步的分解就会因此而出错，尽管可能得到很好的近似定律。我们可以称为不完全谬误。

(2) 即使观察是完全的，分解过程最终也会停下来，要么因为观察者的能力有限（包括观察者耐心有限），要么因为"实际"情况不允许继续分解下去。分解在深度上受到限制最终导致一种情况，称为观察的"互补"。

这两种错误的来源会在本章余下的部分讨论。

4.5 不完全与过于完全

> 物理学研究的所有成功，都取决于明智地选择了最重要的观察对象，并结合了大脑对一些特征的自发抽象。尽管这些特征颇具吸引力，但当前的科学还不够先进，研究得不到有益的结果。
> ——詹姆斯·C. 麦克斯韦（James C. Maxwell）[8]

如果我们从

$$T = f(a)$$

中略去一些东西，那么进一步分解就无法保证逻辑正确，这就出现了不完全性谬误。对于

$$T = f(a)$$

来说，不完全是什么含义呢？显然，这种含义与a和T之间的具体方程式没有关系，因为我们还没有谈及方程式，只是说T以某种方式依赖于a。函数关系：

$$T = f(a)$$

可以代表方程式：

$$T = a$$

或者：

$$T = a + 1$$

或者：

$$T = \frac{2}{(a+1)}$$

或者：

$$T = 1 + a^2 - 3a^6 + 9^{-2a}$$

或者，实际上它可以代表无数个含a的方程中的任意一个。使用函数符号，这个无穷集合就糅合成一个元素了。

　　说一种函数关系是"错的"，就意味着"真正的"方程没有包含在该集合里，这也是有可能出现的。要么因为T不依赖于a（过于完全），要么因为T还依赖于除a之外的其他变量（不完全）。做出这种论断的依据是什么呢？显然，只能是观察T和a的行为。

　　推理过程是这样的。假设我观察到了一个a的值和一个T的值，比如：

$$a = 7.5 \qquad T = 10$$

经过几次观察后，再次得到：

$$a = 7.5 \qquad T = 10$$

很显然这与

$$T = f(a)$$

是相符的。但如果接下来我们观察到：

$$a = 7.5 \qquad T = 25$$

就说明有哪儿不对。要么T还依赖于除a之外其他未被观察的变量，要么就是对a或T进行了不正确的测量。因此，要么我们扩展观察范围，从而：

$$T = f(a, \cdots)$$

要么我们改进a值的测量粒度，要么将该测量值作为错误的值丢掉。选择哪种方案首先取决于我们对

$$T = f(a)$$

的信心有多强，以及我们的科学观察是否"足够先进"，可以改进a的测量。

　　问题的另一面是过于完全。可能T根本不依赖于a。开始怀疑这一点是因

为我们观察到一系列结果：

$$a = 0 \qquad T = 10$$

$$a = 7.5 \qquad T = 10$$

$$a = -578 \qquad T = 10$$

$$a = 0.000\,3 \qquad T = 10$$

如果无论a的值如何改变，T都不变，观察a就是在浪费时间。

当然，一般来说，T会依赖于某些变量。否则，我们会停止观察T，就像鱼儿不再观察水一样。如果设想：

$$T = f(a, b, c)$$

而且观察到：

$$a = 0 \qquad b = 3 \qquad c = 8 \qquad T = 10$$

$$a = 4 \qquad b = 3 \qquad c = 12 \qquad T = 10$$

$$a = -4 \qquad b = 1 \qquad c = 12 \qquad T = 10$$

问题就更复杂了。T不改变是因为：

$$T = f(b, c)$$

还是因为：

$$T = f(a, b, c)$$

在我们的观察范围内，某些因素相互"抵消"了？

哪个是"正确"答案？哪个可以"解释"观察结果？对于任何有限的观察集合，解释集合都是无限的。例如，图4-11展示了T的两个明确公式，"解释"了那三个观察结果。一个包含a，另一个不包含。哪个更好？已有的观察结果无法区分，所以需要我们来选择。这是一个黑箱。我们不能通过"观察内部"来辨别哪种结构"正确"，即便是区分：

$$T = f(a, b, c)$$

和

$$T = f(b, c)$$

这种选择只能由我们自己来做，这取决于我们的能力。如果可以轻易地扩大观察范围，但是大脑的计算能力较差，那么我们就选择：

$$T = f(a, b, c)$$

因为这个公式比较"简单"。反之，如果我们有很强的计算能力，但是观察能力不强，那么就选择：

$$T = f(b, c)$$

以便多些思考，少些观察。但是，只要我们局限于这个观察的集合，就不能判断哪一个说法"正确"，这是黑箱游戏的基本规则。

			模型1	模型2
			$T = f(a, b, c)$	$T = f(b, c)$
a	b	c	$T = \dfrac{(c - a)}{2} + 2b$	$T = (c - 10)^2 + 6(b - 2)^2$
0	3	8	10	10
4	3	12	10	10
−4	1	12	10	10

图4-11　符合同一观察结果的两种可能"模型"

我们来看看，怎样把以上讨论应用于音乐盒状态序列的观察结果。如果我们称超级观察者所能看到的状态集合为S，称他在t时刻观察到的状态为S_t（读作"S-t"），那么他观察到的状态确定关系可由以下函数关系表示：

$$S_{t+1} = f(S_t)$$

也就是说，（$t+1$）时刻的状态完全由前一时刻t决定。这一关系式可以读成：

"S-t加1等于f S-t"

或者：

"S-t加1完全取决于S-t"

这就是用函数的方式来表示状态可确定的性质。

4.5

不完全与过于完全

101

其他观察者（那个物理学家和发明者）怎样呢？如果我们将他们的状态集分别称为P和V，由于他们的观察不是状态确定的，所以我们得到：

$$P_{t+1} = g\,(\,P_t,\,\cdots\,)$$

和

$$V_{t+1} = h\,(\,V_t,\,\cdots\,)$$

对于发明者，我们已知他的行为如图4-5所示，要想使他的观察可确定，可以扩展他对状态的定义，在其中增加灯光的因素，或者他需要观察相连的两个状态：

$$V_{t+1} = h\,(\,V_t,\,V_{t-1}\,)$$

至于那个物理学家，由于他分不清音调，所以无法改进他对状态的区分，除非他发明一种声音检测装置来改进他的观察粒度。但是，他同样可以通过历史状态获得确定的行为，表示为：

$$P_{t+1} = g\,(\,P_t,\,P_{t-1},\,P_{t-2}\,)$$

由于我们是从超级观察者的视角看待问题，所以我们可以让其他观察者扩大观察、改进观察粒度，或增强记忆能力，但是他们没有做出这些选择所需的信息。

由于黑箱所描述的状态是我们已经观察到的所有可观察的东西，所以基于观察结果本身，没有办法选择更好的观察方法来观察这个黑箱。黑箱通过其行为告诉我们，观察是不完全的，因为状态不是确定的。但是，它不能告诉我们如何完善观察，使它成为状态确定的。我们只能继续观察，因此发明者和物理学者面临着如何选择视角的问题，正如图4-11中我们要在模型1和模型2（或者其他符合观测数据的无数种可能的模型）之间做出选择一样。

如果有两个模型符合所有的观测数据，我们就说这两个模型同构，也就是说有"相同的形状"。数学上，这两个模型必须符合所有可能的数据。但我们使用该术语时更受限制，需要符合所有观察到的数据。对于特定水平的观察知识，逻辑上最好的办法是找出一组都符合观察数据的同构模型。

对于黑箱观察，一旦没有新的观察结果出现，就无法解决同构的问题，无法在模型的集合中做出选择。不打开箱子，我们就不知道里面到底是齿轮还是电路，或是一只受过训练的猴子在摇动摇杆。

但是，"打开箱子"意味着更进一步的分解。于是，在特定的观察水平上，只能靠我们自己在同构的模型中选择。在图4-11中，我们可以选择模型：

$$T = f(b, c)$$

或者选：

$$T = f(a, b, c)$$

而且，实际上，我们还可以得出：

$$T = f(a, b)$$

或者：

$$T = f(a, c)$$

甚至：

$$T = f(a, b, c, d)$$

　　我们可能会选择：

$$T = f(a, c)$$

因为我们很难观察到b的值。那个物理学家可能会选择：

$$P_{t+1} = g(P_t, P_{t-1}, P_{t-2})$$

因为他听力不好，但是记忆力很好。但是我们也可能选择：

$$T = f(a, b, c)$$

因为我们没有注意到：

$$T = f(a, c)$$

已经可以满足要求。或者因为我们虽然注意到了，但对那个公式不满意；或者因为我们是物理学家，知道"物理系统不会有那样的行为"；或者因为我们是心理学家，知道"人们不会有那样的行为"；或者因为我们顽固地认为"无论如何，都要包含b"。

　　这些选择都是任意的，这保证了不同的观察者有许多方式来解释他们的观察，不仅是解释选择哪种同构型，甚至是解释"什么观察最重要"。如果在函数形式这个问题上我们都不能达成一致，那就无法保证分解的正确性了。显然，麦克斯韦所说的"明智的选择"和"大脑的自发抽象"很值得研究，我们将在后面的章节里接受挑战。现在，我们必须处理分解出错的第二个原因，即观察的互补性。

4.6 广义互补性原理

> 在经典物理学中，给定物体的所有特性理论上可以通过一个实验方案确定，尽管实际上各种方案往往都不太方便。……但在量子物理学中，通过不同实验方案得到的关于原子的证据，则显示了一种新奇的互补关系……。
>
> ——尼尔斯·玻尔（Nells Bohr）[9]

我们刚才看到了不完全性造成的分解策略失败。实际上，我们可以将这个思想倒过来，把它作为完整性的直观定义。也就是说，无论我们怎样从同构型中选择，或分解成多少个精细的视角，都不会发现新的本质。我们也看到完整性只能是一种近似，由于它基于归纳信念的跳跃，所以不能保证正确。

由不完全引起的简化论谬误是可以接受的，因为我们都曾以某种形式经历过。我们可能认为：

课程成绩 = f(考试成绩，参与讨论的情况)

却发现：

课程成绩 = f(考试成绩，不反对教授的意见，上课坐在前排)

后来又发现：

课程成绩 = f(考试成绩，不反对教授的意见，上课坐在前排，以前的名声)

然而，导致简化失败的第二个原因让一些人更难接受，这就是互补性问题。物理学家首先遇到这个问题，即拟合与可预测性，因为物理学在应用简化策略的能力上更先进一些。另外一些科学家（或自称是科学家的人）通常离完整的观点太远，所以他们对分解有时会出错并不感到奇怪。如果物理学没有提出"互补性"（简化论的特有模型），那么可能没人会接受这一概念。

互补性问题是在亚原子级上提出来的，这是物理学家们可以进行的最后一级分解。为了避免涉及物理学细节，我们将在更宏观、大家更熟悉的层次上讨论。设想我们做一个关于交通安全的调查，日的是研究汽车在开出收费站时的加速情况。我们需要知道每辆车的精确位置和速度。

现在假设我们安装了一台自动照相机来拍摄每辆车，然后根据这个观测结果（即照片）确定车的位置和速度。确定车的精确位置可能会有点问题，因为照相机拍摄运动的车辆时图像会比较模糊。因此，我们把快门速度调到最快，目的是"停止运动"，以得到漂亮而清晰的照片，从而精确地确定车的位置。

但我们怎样根据静止的照片来确定速度呢？可以观察天线上的狐狸尾巴伸得有多长，但是并非所有车上都有那样潇洒的附件。最可靠的方法是从照片的模糊程度来判断，因为车速越快，照片就会越模糊。

实际上测量重影的长度，然后将其除以曝光时间，就得到了速度，即在某个特定时间间隔内车辆行驶的距离。不过请注意这种方法的互补性本质。为了精确测量速度，我们希望模糊的重影越长越好，但同时，为了精确地测量位置，又要求重影尽可能短。因此，无论怎样选择快门速度，结果都是一种折中方案，不同的观察者会设置不同的快门速度，从而看到不同的（或者说互补的）照片。

我们的本能是通过提高测量精度来摆脱这种互补性，也就是利用进一步简化。比如我们可以选用分辨率更高的胶卷，以便对较短的重影也可以精确地测量。但是，假设胶卷的分辨率已经达到了极限，那么我们就没有了回旋的余地，只好满足于互补的观点了。换句话说，如果胶卷分辨率有极限，就会导致互补性。当然，观察的粒度是否存在极限就是另一个话题了。

这个问题已在物理学领域中争论了50多年，但直到现在才在其他领域中引起人们的注意。物理学中的原则依赖于不可分的能量量子。如果能量的分割有一个下限，那么用我们的术语来说，超过这个下限，对观察的分解（或简化）就是不可能的。对物理学家来说，所有观察都伴随着从被观察者到观察者的能量传递。因此：

> ……只要当测量工具和目标之间的相互作用构成了现象中不可分割的部分，互补性的概念就说明了这种探究所能给出的答案。[10]

换句话说，互补性是不能得到全部信息的一种特殊情况。观察者希望观察到：

$$z = f(x, y)$$

但是由于观察所固有的粒度，他只能得到：

$$z = f(x, y, 观察者)$$

虽然一般来说这总是对的，但在大多数情况下，观察所涉及的能量很小，可以忽略。在前面的收费站实验中，光能必须从汽车传递到胶卷中，但由于能量很少，由此引起的观察不准确不会给交通专员带来麻烦。最亮的闪光灯也不足以使汽车加速或减速，即便它能让司机看不见路而引起车祸。

在生物学中，很难避免观察者与被观察者之间采用未知的方式交互。要研究其他行星上的生物，我们必须确保火箭既没有带去地球上的生物，也没有毁灭该星球上的生物。哪怕火箭带上了一个单细胞生物，也可能给该星球的生态系统带来毁灭性的灾难，就像无数的科幻小说里所描述的那样。

社会科学也是一样，观察者与被观察者之间以未知的方式交互。因为人类学家采用的方法是参与并观察，所以一定会对所观察的事物产生影响。有人打趣说，祖尼人核心家庭由一个父亲、一个母亲、两个孩子和一个人类学家组成。

然而，观察者和被观察对象之间的交互还是太有限，不足以作为互补性这一一般概念的基础。根据广义热力学定律，我们知道同样现象的出现，也可能是因为一些精神上的因素。人类学中有一个经典的例子：罗伯特·雷德费尔德（Robert Redfield）[11]和奥斯卡·刘易斯（Oscar Lewis）[12]观察同一个墨西哥村庄后代的分离情况。他们的观点分歧巨大，几乎不能用那段时间里发生的变化来解释，更不必说他们在观察过程中对村庄生活造成的影响。从这个例子和类似例子中我们可以总结出，两个社会学家观察同一场景，就像发明者和物理学者观察音乐盒一样。

实际上，发明者和那位朋友的看法是互补的。尽管他们都基于对"相同"情况的观察，但任何一个都不能归约成另一个。他们的看法也不是完全独立的，因为可以从一个推导出另一个的某些结果。互补性思想的要点是：它们是两个不完全独立但又相互不可归约的观点。

但是，物理学家只考虑严格的互补性。他所说的互补性，一定要存在"测量仪器和被测物体之间的交互"，因为如果缺少这些交互，就可以进一步归约。而且并非所有交互都会导致互补性，必须要形成"现象中不可分割的部分"才行。所谓"不可分割"，指的是这种交互无法通过想得到的实验方案来改进从而避免。如果物理学家找不到分辨率更高的胶卷，就会造一个雷达来观察从收费站开出的车辆。

对物理学家来说，胶卷技术只是"各种实验方法"之一，他采用这种技术是因为"方便"。物理学家不会偷懒：如果方便的实验会导致互补性，而采用不太方便的方法可以避免互补性，他就会放弃方便的方法。他会寻找分辨率更高的胶卷，他会放弃照相机而造一个雷达，他甚至会扔掉雷达而造一个激光器。他们从来不会为了"方便"而放弃寻求更好的方法。除了"自然法则"，即不可分割的物理交互，没有什么能使他们放弃对圣杯的追求。难怪这样的人不容易接受互补性！

这种互补性可以称为"绝对互补性"，因为它基于的思想是没有其他可选方案，只有接受观察中根本的、不可分割的限制。一般系统观点基于更简单的假设，因此更为通用。如果由于某种原因，观察者没有对观察进行无休止的改进，那么任何两种观点之间都会存在互补性。因为几乎在所有情况下，总有某种理由让我们停止无休止地改进观察方法，所以可以去掉条件，得到一般互补定律：

任何两种观点都是互补的。

关于这个定律，唯一可能的例外就是物理学家最细心的观察。但他们自己也承认最细心的观察也一定存在互补性，所以就没有例外了。

然而我们发现，观察者并非总是关心他们的视角是否互补，这就是另一回事了。我们不是都像完美的物理学家那么狂热。经济学家和社会学家观察同一个社会时，自然会形成不同的看法，虽然他们之间也会有一些共同点。如果不是太随意，每个观点总会包含"真实情况"的某些信息，但它们永远不会是完全不矛盾的。因为两个经济学家竞争同样的职位，竞争杂志中同样的位置以及同样的政治影响，所以自然会更关心他们观点的互补性。如果一个经济学家要攻击另一个经济学家论点的"谬误"，他会忽略社会学家的观点，因为他知道他们讨论的是"不同的问题"。

是否能在理论上对经济学观察进行优化，让不同经济学家不再持有互补观点，这其实不重要。我们可以发起更强的论证来反对它，但为什么要费这劲？经济学数据显然不足以消除互补性。[13]

但是假设我们可以消除互补性，我们愿意这么做吗？仅仅因为我们似乎在朝着理想前进，并不意味着我们喜欢实现理想。作为超级观察者，我们可能会忽略音乐盒美妙的叮咚声。

归约只是实现理解的一种方法，还有许多其他方法。一旦我们停止对世界的某一小部分进行更仔细的观察，转而对科学本身进行更仔细的观察，就会发现还原论是现实中从未实现的一种理想。还原论只是一种科学信念。它肯定是信念，因为没人看到过任何观察集合的最终归约状态。我们可能会嘲笑那些"不科学"的白痴以及他们对宇宙的诗一般的解释，但实际上我们跟他们一样，都不知道为什么我们的方法可行（在这些方法碰巧可行的时候）。

我们已经看到，一些情况下归约是可行的，但客观地说（我们必须承认），其他方法有时候也可行。由于我们是科学家，所以相信我们的方法在更多的情况下可行，但这并没有严格的科学证据，这只是一种信仰。在尝试某些方法时，它们通常有效，但老实说，一旦它们在某种情况不可行，我们很快就会停止尝试。

当归约可行时，归约就可行。当归约不可行时，我们可以继续尝试，承认失败，或假装这些情况"不存在"或"不重要"。我们必须承认，如果我们不是如此狂热的宗教信徒，应试早就接受了互补性的事实。也许我们被这种已建立起来的信仰束缚了很久，但是科学本身已经建立起来了，而且需要进一步的修正。

托马斯·布莱克波恩（Thomas Blackburn）[14]曾经令人信服地指出，科学家不能以互补的观点接受可能的"真理"，进而产生他所谓的"降维"的科学。他的文章的结论同样可以作为本章的结论，即我们解释存在性黑箱时必须保持谦卑。

> 如果科学实践继续目前片面的、降维的方向，那么新的科学家也主要来自这样一些人，他们认为这种世界观是协调的。但是，从性情和所受的训练来看，这些人最不适合坚持自然的互补性真理，而正向我们逼进的任务却需要这种真理。实际上，如果科学家来自缺乏想象力、同情心和人性的人群，那么即使降维的科学是否能维持也很值得怀疑。在半个世纪后，尼尔斯·玻尔关于人类知识整体的观点回应了沃尔特·惠特曼（Walt Whitman）：
> "我坚信，对于那些追求完整的人，世界终将完整。对于那些抱残守缺的人，世界仍将残缺。"

4.7 思考题

1. 妇女解放

詹姆斯·罗伊（James Loy）在评论钱斯（Chance）和朱莉（Jolly）的书[15]时说：

> 这本书的主题是，大多数狭鼻类动物的社会结构都以雄性为焦点，这对于学习灵长目动物的学生来说并不陌生，也许是因为这些物种的雄性总是比雌性身材高大，而且特征显著。成年男性的任何一个动作都会立即进入观察者的眼中。然而当前的问题是，其他群体成员是否和观察者一样注意雄性的行为。

在我们看来，如果罗伊的评论是正确的，那么这些观察者糅合状态太随意了，人类社会也是灵长目群体，成年男性通常比群体中的其他成员要高大，而且也可能像某些鸟类一样，因为别的一些原因而特征更明显。请讨论采用这种糅合方法对人类社会观察可能引入的偏见，确定一些观察方针，以便克服在观察人类和其他两性动物时存在这种偏见。

参考：Michael R. A. Chance and Clifford J. Jolly, *Social Groups of Monkeys, Apes and Men*. New York: Dutton, 1970.

2. 进化的哲学

第二次世界大战期间，一个士兵驻扎在太平洋的一个小岛上，他以捕鲨为乐。有人问他，只拿一根磨成长矛的铁棍跟在鲨鱼后面，是不是一点都不害怕。他解释道："有什么好害怕的？鲨鱼是愚蠢的，而我是聪明的。它们的反应总是一种方式，从来不会令我吃惊。"

对"更高等"的生命形式，我们总是有一种强烈的直觉，这当然会导致我们认为人是最高级的动物，人类社会是最高的文明形式。哲学的一个用途就是给出这种直觉概念的"证明"，而一般系统运动的哲学分支已经开始这样做了。例如，V. I. 克列米扬斯基（V. I. Kremyanskiy）的观点就和捕鲨者很相似，比如他指出：如果一种生物比另一种生物具有更广泛的特性（观察或行为），那么这种生物就更高级。请根据本章中学到的内容，讨论克列米扬斯基的观点。

参考：V.I. Kremyanskiy, "Certain Peculiarities of Organism as a 'System' from the Point of View of Physics, Cybernetics, and Biology." *In Modern Systems Research for the Behavioral Scientist*, Walter Buckley, Ed., pp. 76-80. Chicago: Aldine, 1968

3. 考古学

通过考古学来重建过去能提供很多机会对不符合当前理论的信息进行有选择的忽略。在最高的层次上，需要非常小心地选址。在该地址，具体选择哪个位置挖掘可能有理论指导，因此那些遗留的未挖区域将留作以后理论的基础。在发掘一个地址时，如果根本看不到任何具体的东西，那么这种挖掘是最容易的。

宾福德（Binford）举了一个例子，是南伊利诺伊州一个多次发掘的遗址。由于研究者的兴趣仅限于那些发现大量碎陶器的地点，而没有发现较早时期的房屋遗迹。我们可以设想一下，如果未来的考古学家挖掘出我们现在的城市，他会在瓶子碎片密集的地方发现多少房屋。

请讨论将来各式各样的观察者会如何看待我们现在的社会。

参考：L. R, Binford, "Archaeology as Anthropology." *American Antiquity*, 28, 217 (1962)

4. 微气象学

如果一种现象足够罕见，而且对于我们来说算是奇观，那么科学家总是有办法避免对它进行研究。作为一名科学家，你如何看待对具有下列特征的现象报道？

(1) 漂浮在空气中，但是看不到任何支撑物。
(2) 有时发出紫红色的光，有时是蓝白色光，有时是金黄色光。
(3) 人一碰就会死，但它穿过窗户时却不会打碎玻璃。
(4) 在爆炸和耀眼的强光中消失，只留下一股烧焦的火药味和地板上的一个白点。

对以上的内容有了一些思考后，可以查阅：

James Powell and David Finkelstein, "Ball Lightning." *American Scientist*, 58, 3 (May–June 1970)

第 ❹ 章 观察的解释

然后讨论为什么很多年以来球形闪电的存在一直都被否认，而后来也只是被看成相对于"普通"闪电来说的罕见情况。

5. 物理学

请讨论下列似乎贬损物理学的评论。

> 物理学定律无法判断箱子里是两只雄兔还是一雌一雄。
> 根据物理学定律，大黄蜂是不能飞翔的。

6. 生物学和化学

随着分子生物学的成功，人们开始争论是否"所有"生物学问题都可以归入化学的范畴。值得一提的是，W. M. 埃尔萨瑟（W. M. Elsasser）认为不可归为化学，他指出分子的、生物的和有机的观点是互补的：

> 如果通过足够精密的测量去确定系统在任何给定时刻的微观状态，那么我们确实能发现状态是什么，但干扰（比如打破化学键）会非常激烈，导致系统行为因此与以前大不相同，它不再能看成是相同的动态系统，……我们过于精确的测量扼杀了生物体。[16]

请讨论这个论点，以及它与物理学在互补性论点上的关系。

参考：Walter M. Elsasser, *Atom and Organism*. Princeton, N.J.: Princeton University Press, 1966

7. 哲学和生物学

请讨论下面这段话，尤其是"真正的不可归约性""逻辑上不严密"和"方法上的原因"这些词的使用。

> 于是我的一般结论是，鉴于当前生物学的状况，可能会有很多启发性的理由，要求停止在各种可能的领域内用物理化学解释生物现象。也有很好的理由，要求建立明确的生物学理论。然而，由于方法上的原因，这个论点支持不可归约性理论。鉴于分子生物学的最近工作，任何人试图把该理论扭曲成真正的不可归约性，都是逻辑上不成立、经验上不能保证，而且毫无启发作用的。

参考：Kenneth F. Schaffner, "Antireductionism and Molecular Biology."
Science, 157 (11 August 1967)

8. 语言训练

许多科学家对学习"外语"的态度能从一个方面反映出他们不相信互补性。他们会问："要是所有有价值的结果都被翻译成英语，为什么要花时间学习俄语？"换句话说，任何能够用俄语表述的内容都可以用英语确切的表述。而且从这个角度看，学习俄语或是其他语言，对于思维毫无用处。

请讨论语言学习在科学教育中的潜在作用，以及如果取消科学研究中所有对语言的要求会有什么后果。

9. 观察天空

自中世纪以来，云彩的形状就没被改变过，但我们却不再从中看到神奇的剑或者不可思议的十字架。著名的安布鲁瓦兹·帕雷（Amroise Paré）看到的彗星尾巴恐怕与我们现在偶尔能看到的彗星也没什么差别。然而他认为他看到的是一套神奇的盔甲。广泛的先入之见的影响超过了他习惯性的精确观察。他的证词与许多其他证词一样，告诉我们的并不是他实际见到的东西，而是他那个时代认为当然应该看到的东西。

走到一片开阔的空地（如果还能够找到的话），躺在地上，凝视云彩一个小时左右。记录下来你所看到的一切，然后分析这些记录，看看是否能够发现那些左右你视角的影响因素。

参考：Marc Bloch, *The Historian's Craft*, pp. 106-107. New York:
Vintage Books, 1953

第 **4** 章 观察的解释

4.8 参考读物

推荐阅读

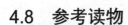

1. John R. Dixon and Alden H. Emery, Jr. "Semantics, Operationalism, and the Molecular-Statistical Model in Thermodynamics." *American Scientist*, 53-428(1965).

2. Thomas R. Blackburn, "Sensuous-Intellectual Complementarity in Science." *Science*, 172, 1003(4 June 1971).

建议阅读

1. Lewis Carroll, *The Annotated Alice* (*Alice in Wonderland and Through the Looking Glass*), Martin Gardner. ED. Cleveland: World, 1960 (also in paper).
2. R. L. Gregory. *Eye and Brain*. New York: McGraw-Hill. 1966.

4.9   符号练习

1. 说明图4-6和图4-7中你的物理学家朋友的视角是如何获得的。

2. 已知序列:

OTTFFOTTFFOTTFFO...

请写出3种速记形式:

a. 有序对

b. 映射

c. 有向图

它是状态确定的吗？如果把一对状态当作一个状态，它是状态确定的吗?

3. 系统的有向图如下。请写出系统经历的前6个状态，从*B*开始:

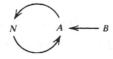

4. 假设你在读一本关于农场经济的书时，看到如下的叙述:

如果从草场到村庄的行驶时间减少，运完所有干草所需的工作量似乎也更少。另一方面，年长的农夫总是比年轻的考虑得更周到，其他事情也一样——或许是因为那时的运输比现在要慢得多。

将以上这段话归纳成一般函数表达式，变量包含在"将所有……工作量……"之中。

5. 设想你继续读下去，看到另一段话：

随着更先进的拖拉机的使用，道路质量的提高，一级草场与村庄距离的减小，行驶时间会减少。但对于现代化的公路，就要考虑堵车，所以行驶时间显然取决于一天中的不同时段。

说明如何将这一改进的观点加入练习4的函数模型。

6. 假设我们在看一个关于生物系统的非技术性描述时，忽然看到一个公式：

$$y = \frac{be^{-at}}{\sqrt{1 - b^2 e^{-ct^2}}}$$

你正要绝望地放下书时，忽然决定，也许换个角度，会更容易理解作者所描述的内容。不考虑确切公式，仅仅考虑 y 依赖于哪些参数。请把上式抽象成这种函数表达式。

7. 某个系统的状态集合记为 S，时刻 t 的状态记为 S_t。第17个状态应该如何表示？j 时刻后的第5个状态呢？系统当前状态不依赖于前一个状态，而仅依赖于倒数第二个状态，应该如何表示？

4.10 符号练习答案

1. 首先，图4-6是从图4-1中得到的，方法是：

a. 由于物理学家不考虑绿灯，所以忽略 G 列；

b. 由于他分辨不出（1，2），（3，4），（5，6）对音调的差别，所以将它们合并；

c. 6组状态集分别命名为 S、T、U、V、W 和 X。

然后请根据这张表，转换图4-3所示的有向图，用他的状态名替换你的。这样，你的状态a就换成了他的状态 S，于是循环：

anikanik

就转换成：

第 **4** 章 观察的解释

S T U W S T U W

另外两个循环也是同样处理。

2. 如图4-12所示，显然该系统不是状态确定的。因为对于*T*和*F*来说，映射不是多对一的，而是一对多的。根据如下映射，可以将其转换成状态确定的。

$$(O, T) \quad (T, T) \quad (T, F) \quad (F, F) \quad (F, O)$$
$$(T, T) \quad (T, F) \quad (F, F) \quad (F, O) \quad (O, T)$$

这样就转换成多对一的形式，实际上是一对一的。

a. 有序对

$(O,T) \quad (T,T) \quad (T,F) \quad (F,F) \quad (F,O)$

b. 映射

O	T	F
T	T?F?	F?O?

c. 有向图

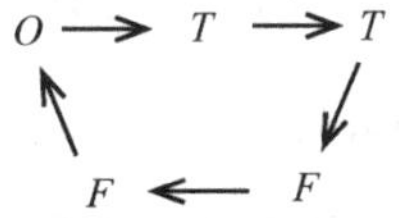

图4-12　习题2答案

3. *B A N A N A …*

注意，这个有向图精确地描述了一个"知道如何拼写'banana'但不知道如何停止"的系统。

4. $e = f(t, a)$

其中：

$e = $ 运完所有干草的工作量

$t = $ 从草场到村庄的行驶时间

$$a = 农夫的年龄$$

5. $e = f(t, a)$

   $t = g(m, r, d, T)$

其中：

$m = $ 所用拖拉机的先进程度

$r = $ 道路质量

$d = $ 运输距离

$T = $ 一天中的阶段

同样，我们可以写成：

$$e = f(t(m, r, d, T), a)$$

或者：

$$e = f(m, r, d, T, a)$$

6. $y = f(a, b, c, e, t)$

不过，在许多数学公式里，e通常用来表示某个常数（近似为2.7）。如果我们把e当作常数，那么，函数关系就可以重新写成：

$$y = f(a, b, c, t)$$

但实际上e只是一个数学符号，像平方根、除号和减号一样。有一件事情困扰着非数学家们，那就是，在某个特定的公式里面，这些标准符号可能是也可能不是按照标准的方法使用的。他们通常需要根据上下文判断e是数学常数还是关系式中表示某个因子的特定符号，由于符号的定义不够明确，在某些情况下，往往很难做出判断。

7. 第17个状态可以写成S_{17}，j时刻后的第5个状态可以写成S_{j+5}。依赖于倒数第二个状态的函数关系可以表示成：

$$S_t = f(S_{t-2})$$

或者：

$$S_{t+2} = f(S_t)$$

第 5 章
观察结果的分解

　　黑兹尔（Hazel）痴迷于世界各地的胡希尔人，这已经成为虚假的情投意合的范例，说明从上帝完成的事情的方式这一点来看表面上的团队毫无意义，也是伯克努（Bokonon）所谓的松散组织（granfalloon）的范例。其他松散组织的例子包括某某党、美国革命女儿会、通用电气公司，以及任何时间、任何地点的任何民族。

　　伯克努邀请我们与他一起歌唱：

　　如果你想要研究松散组织，

　　只需剥掉玩具气球的皮。

　　　　　　　　　　　　——库尔特·冯内古特（Kurt Vonnegut , Jr.）[1]

　　据说，有人曾要求以画竹闻名的画家窪詩仏（Okubo Shibutsu）画一幅竹林。他同意了，并穷尽所学画了一幅，整个竹林都是红色的。出资人收到作品后，惊叹于画家的高超技巧，并前往画家的住处拜访，他说："先生，我是来感谢您给我画了一幅作品的，不过不好意思，您画的竹子是红色的。""噢，"画家大叫道，"那你想要什么颜色？""当然是黑色的。"出资人答道。"有谁见过长着黑色叶子的竹子呢？"画家反问道。

　　　　　　　　　　　　——亨利·P. 博伊[2]（Henry P. Bowie）

　　我们坐在圆桌旁开始画画。我只有一只蓝色的笔，不过，我还是用它来描绘一幅狩猎图。我先栩栩如生地画了一个蓝色的男孩骑在一匹蓝色的马上，还有一群蓝色的狗。然后，我拿不准是否该画一只蓝色的野兔，于是跑去书房问爸爸。他正在看书，我问："有没有蓝色的野兔？"他头也没抬就答道："亲爱的，当然有。"于是我回到圆桌旁开始画蓝色的野兔……

　　　　　　　　　　　　——列夫·托尔斯泰[3]（Leo Tolstoy）

本章我们要讨论观察者有限的思考能力如何影响他们所做的观察。这个困难的任务被人们搞得更加困难，因为只要谈到人类有局限（尤其是思维方式上），人们就会产生心理抗拒。多数人勉强接受他们无法扇动胳膊飞翔的事实，但一提到智力的上限，知识分子就会气得脸红脖子粗。

由于受"人类的大脑能力无限"这种空话的影响太深，所以我们一提出"假设人脑是有限的……"，平时冷静的读者就会改变脸色。然而，人脑中唯一无限的能力似乎就是愚弄自己的能力，尤其是关于人脑能力无限的问题。

我们说思维能力有限，但这并不代表有些事情我们永远不能了解。我承认自己思维能力有限，我也愿意承认其中一种局限就是无法知道究竟有哪些局限。但这并不影响我研究某些思维限制可能带来的一些后果。我完全有权基于思维能力有限，玩一玩"如果这样"的游戏。

具体来说，让我们假设一个疯狂的发明家邀请你去他家看看其最新的爱德华音乐盒，这是为"鸡蛋胖胖"（Humpty Dumpty）特制的型号。他将你一个人留在房间里欣赏他的杰作，你发现似乎其中有一些潜在状态和以前一样：

$$S = \{R, G, W\}$$

在图4-1中，我们已经对字母a到x作了定义。

现在假设发明者还给你留下了一瓶"十星白兰地"，喝了几口后，你平时能力无限的头脑开始变得有些混乱。假如你还没有醉倒，将会发现一个由20个状态组成的循环，如图5-1所示。

白兰地标签上的"十星"代表了这种酒的力道，意味着它能限制你，让你只能记住10对状态。受到这种烈酒的影响，你根本看不出这样的循环，因为你记不住这么多的状态。你看到的是酒后混乱的系统，而不是一个由状态确定的行为，每个状态的到来都让你十分意外。

你能做什么？你本不应该喝酒，但现在已经后悔莫及。发明者很快就会回来，如果你不能描述音乐盒的行为，他会认为你很愚蠢。你很想捍卫超级观察者的好名声，所以决定缩小观察范围，只对灯光进行观察。你的理由是：既然只有两种灯光，这样系统就只有4种状态。因此，你更有可能记住灯光序列中的所有状态转换。

你所看到的状态如图5-2所示，只需4对状态就可以针对灯光行为做出完整的状态确定的描述。这没超出你受到酒精限制的能力。你能看到这个小系统（子系统）的行为是状态确定的。而且，受到成功的鼓舞，你尝试用同样的方法单独研究声音，并得到如图5-3所示的结果。

无限的记忆

只能记忆10对

一个时刻	下一时刻
(a, h)	(?, ?)
(h, o)	(h, o)
(o, v)	(o, v)
(v, e)	(v, e)
(e, g)	(e, g)
(g, n)	(g, n)
(n, u)	(n, u)
(u, d)	(u, d)
(d, k)	(d, k)
(k, m)	(k, m)
	(m, t)

图5-1　用无限和有限的记忆观察不可拆分的鸡蛋胖胖音乐盒

灯光		子状态名称
R	G	
1	1	A
1	2	B
2	1	C
2	2	D

图　　　　　　　　　　　　　　有序对
　　　　　　　　　　　　　　　(A, B)
　　　　　　　　　　　　　　　(B, C)
　　　　　　　　　　　　　　　(C, D)
　　　　　　　　　　　　　　　(D, A)

图5-2　灯光子系统

音调	名称
1	V
2	W
3	X
4	Y
5	Z

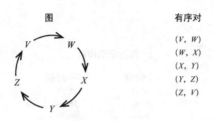

图   有序对

(V, W)
(W, X)
(X, Y)
(Y, Z)
(Z, V)

图5-3　声音子系统

　　你都做了些什么？由于白兰地带来的灵感（或要求），你找到了一种看问题的新方法。你成功地将鸡蛋胖胖的音乐盒分解成两部分，它们是两个独立的部分并且都是状态确定的。但这样分解又有什么好处呢？以前只有一个系统，现在变成了两个。这不是把事情搞得更复杂了吗？

　　如果你拥有超级头脑，没有因喝酒而麻木，那么将音乐盒分成两个子系统确实会更复杂。但是，如果你有超级头脑，复杂也不是问题。由于你没有超级头脑，所以这样分解系统有助于解决问题，实际上，这样你就可以用只能记住10对状态的脑子记住所有必要的状态对，甚至还有一对富余。

　　结论显然是，如果我们的记忆力有限，那么将一个系统分解成几个互不相干的子系统，能让我们更好地预测系统的行为。这就是科学的方法，如果不是大脑能力有限，就不必这样了。实际上，科学的存在正是人类大脑能力有限的最好证明。

　　我们还可以扩展这个分解的小例子，进一步展示这种方法的威力。假设音乐盒在一个长循环中有180个状态。如果我们可以将它分解成一个20个状态的循环和一个9个状态的循环，那么需要记忆的状态对就从180个减少到20 + 9 = 29个。我们还可以像刚才那样，进一步将20个状态的循环分解成一个5个状态的循环和一个4个状态的循环。这样所需的状态对就只有5 + 4 + 9 = 18个，即只是原来数目的1/10。

一般来说，对于一个有因子的长循环（比如，$180 = 5 \times 4 \times 9$）来说，我们可以将循环对的数目减少到因子之和：$5 + 4 + 9 = 18$。请考虑一个极长循环，有$10^{10}$个状态。$10^{10}$是10个10相乘。然而10个10相加只有100或$10^2$。所以，如果系统能分解成10个独立的循环，我们的简化就是$10^{10}/10^2 = 10^8$。通过努力，大多数人可以记住100个状态对，但多少人能记住100亿个呢？

这种分解是否总能进行呢？初看之下，答案可能是否定的。不过，让我们进一步探究一下。假设发明者回来了，你告诉他自己已经理解了鸡蛋胖胖音乐盒的行为。"它可以分成两个独立的循环。"你很骄傲地说。但是他看起来并未信服。

"不是这样的，"他反驳道，"鸡蛋胖胖专门订购了一台只有一个长循环的机器，否则我会卖给他一台标准的机器，标准机器确实可以分解成两个独立的循环。到隔壁的仓库来，我给你看看。那里有144个不同的型号。如果要我说嘛，令人印象相当深刻！"

你跟着他进了隔壁的房间，那里确实有144个音乐盒，个个都有声音和灯光效果。你的头脑现在清醒了许多，能够轻松记住其中3个的循环，如图5-4所示。但是不管怎样，你都不能用前面的方式来分解它们（读者可以自己试试）。

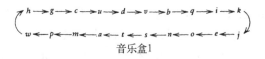

音乐盒1

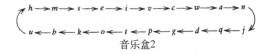

音乐盒2

音乐盒3

图5-4　3个音乐盒的行为

"看，"你不耐烦地说，"这些循环是不能分解的。它们一定有问题。"

"你是什么意思？它们当然是可以分解的。再看看！"

你还是摸不着头脑，于是发明者继续解释："看！看那里！注意亮格度，那是较短的循环。一旦发现这个循环，你马上就会发现米穆斯循环。"

"什么？"

"亮格度。注意看亮格度！"

"我不知道你在说什么。"

"我说的就是平常意义上的亮格度。你不要开玩笑了。"

"你不用大喊大叫。我的确不知道你在说什么。我从未听说过'亮格度'。你能解释一下吗？"

"解释？解释？怎么解释亮格度？你是不是还要我解释声音和灯光？这种事不需要解释，只要指出来就可以了。"

"那么能不能恳请你指出来呢？"

"不客气。请看第一个盒子。亮格度是A，然后是B，然后是C，然后是D，然后再返回A。就像我所说的，是一个循环。"

为了清除困惑，你走到附近的一块黑板旁边，写下了状态列表，像图4-1那样。在他说出各种亮格度值时，你在你命名的状态旁边作上记号。在你最终完成这个列表时，他指出了5个"米穆斯"值（V，W，X，Y，Z）。最后你得到了如图5-5所示的列表，给出了亮格度和米穆斯对应的盒子状态。实际上，当你针对每个状态连续写下

（亮格度，米穆斯）

时，就得到了如图5-6所示的循环，这适用于3个盒子。

发明者说："现在你看出来了吗？"

"如果你那样命名状态，结果就是那样的。这是我的看法。但我还是没弄明白你所说的'亮格度'和'米穆斯'是什么意思。它们根本不是实际的特性，只是你虚构的东西，就像蓝色的野兔和红色的竹林一样。"

"我猜，超级观察者先生，你的想象中没有虚构的东西吧？"

"当然没有。我只看到真实的情况，比如红灯的亮和灭。"

R	G	W	名称	亮格度	米穆斯
1	1	1	a	A	W
1	1	2	b	C	W
1	1	3	c	C	X
1	1	4	d	C	Z
1	1	5	e	D	W
1	1	6	f	?	?
1	2	1	g	B	W
1	2	2	h	A	V
1	2	3	i	A	Y
1	2	4	j	C	V
1	2	5	k	B	Z
1	2	6	l	?	?
2	1	1	m	B	X
2	1	2	n	B	Y
2	1	3	o	A	X
2	1	4	p	C	Y
2	1	5	q	D	X
2	1	6	r	?	?
2	2	1	s	C	Z
2	2	2	t	D	V
2	2	3	u	D	Y
2	2	4	v	B	V
2	2	5	w	D	Z
2	2	6	x	?	?

图5-5　每个状态的亮格度和米穆斯值

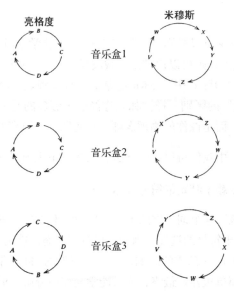

图5-6　3种音乐盒的亮格度与米穆斯循环

"我从没有听说过'红灯'。你能给我解释一下吗？"

"解释？解释？我怎么解释红灯？你还不如让我解释……"你突然停住了，懊悔地转向发明者，轻声说："哦，我明白了。"

你到底明白什么了？你还是没"明白"什么是亮格度和米穆斯，但是你理解了发明者说他看到这些东西时并不是在开玩笑。虽然这种认识让你很难接受，但你知道：

> ……（首先，）我们每个人在成长过程中，一直在很痛苦地面对一组假设，想搞清楚哪些是真的，哪些对决定我们的行为来说很重要。其次，这些假设赋予我们生活的意义，并保护我们免受恐惧和不确定性的困扰。再次，即使个人试图改变这种根深蒂固的假设，也会引起不安和抗拒，并且只有通过认真的心理调整才能克服。
>
> ——埃里奥特·杰奎斯（Elliott Jaques）[4]

在大多数普通的情况下，"红灯"或"音调"对于系统观察来说就足够了。但在这个仓库里，如果能学会"看出"亮格度和米穆斯，那么你看到的世界就简单了。尽管一开始会觉得不自然，但是毫无疑问，与这些盒子接触久了，你就能够辨别"亮格度"和"米穆斯"，就像你能辨别"红灯"和"音调"一样。

同样，物理学家可以辨别"熵"和"密度"，化学家可以辨别"化合价"和"pH值"，电气工程师可以辨别出"载波频率"和"阻抗"，经济学家可以辨别"利润"和"边际效用"。你拒绝掌握这种新观点，就像学生不愿学习"质量"和"重量"的区别一样。如果你经过足够多的努力训练，就会发现发明者并没有疯，而是像你的物理老师一样聪明，知道那些难懂的东西。

从这个小故事中我们可以学到什么？回想一下无差异法则：

规则不应该依赖于特定的符号表示。

请注意"应该"这个词。你的（R，G，W）和发明者的（亮格度，米穆斯），其区别就在于符号的选择，因为你们分解状态的能力完全一样。但是，受自己分解世界的内在模式的影响，你不能将他的144个音乐盒分解成带有两个独立循环的简单机器。最终，你可能学会如何分解。但与此同时，如果你再喝点酒，可能根本看不出这144个盒子有任何合理的行为。因此，我们可以结束本节（并引入本章的主题），得出差异法则：

定律不应该依赖于特定的符号表示，但事实往往相反。

5.1 科学的隐喻

> 我们按照推理一步一步前进，而他却完全凭直觉。所以，为了了解这个循环的某些特性（它有无数特性），我们从最简单的特性开始。我们将它作为定义，然后用推理的方法得到第二个特性，接着是第三个、第四个，等等。神圣的智者却不是这样，他抓住循环的精髓，暂时没有讲话（没有使用世俗的推理），然后理解所有的特性。
>
> ——伽利略[5]

回顾一下，我们针对方法的讨论进行到哪里了。为了应付不熟悉的、复杂的现象，我们试图：

(1) 获得"全面"的观点（足够广泛，包含我们感兴趣的所有现象），这样我们就不会感到惊讶；

(2) 获得"最小"的观点（揉合不必区分的状态），这样就不会使观察的负担过重；

(3) 获得"独立"的观点（将观察到的状态分解成不相干的部分），这样就可以减少对脑力的要求。

虽然这些目标常能满足，但由此得到的观察世界的方法可能并不"令人满意"。也就是说，它可能不符合人们心理上的分类，这些分类是我们从过去的经验中继承或学习来的。再次说明，我们的能力有限，这是我们希望观点"自然"或"令人满意"的根本原因，因为我们的头脑中不能时刻存在两种不同的观点。

换句话说，我们就像勤杂工，只能拿着唯一的工具箱去做每件事，但必须准备好维修水管、维修电力设备、刷油漆、做木工、装玻璃、加工金属，或其他需要你做的事情。有时，勤杂工会淘汰一个工具，换上另一个他觉得更常用的。他这样做时假设将来接的活与过去的情况差不多。

勤杂工怎么知道将来接的活与过去的情况差不多？这只是一种信念，我们以前曾经也碰到过。也许我们应该将它命名为经验公理：

未来会像过去一样，因为在过去，未来就像过去一样。

帕特里克·亨利（Patrick Henry）的观点可用于支撑这一公理：

> 我只有一盏指路明灯，这就是经验之灯。除了以史为鉴，我不知道
> 如何判断未来……

换句话说，我们还能做什么？通过分析历史，勤杂工可以得到一个更实用的工具箱，科学家也是如此。

但是经验公理就像其他定律一样，转过来，就变成了我们对"像"这个词的定义：

> 如果现在的一个事物能用过去的另一事物代替，这两个事物就相像。

说未来像过去，这意味着我们认为重要的某些属性将保持不变。但到底是哪些属性呢？

通过对诗歌的研究，我们理解两个事物相"像"有非常多的方式。诗歌的精髓在于隐喻，差不多就是"转换"之意。隐喻是用一种事物指代另一种事物，比如：

> 我的爱人就像是一朵红红的玫瑰……

或者：

> 我拥抱夏日的黎明……

只有我们了解（或认为自己了解）一个事物的某些特性，并且将它转移到另一事物上，隐喻才能奏效。我们不知道伯恩斯对他的爱人是什么感觉，但是我们知道面对一朵红红的玫瑰是什么感觉。在进行比较（或隐喻）时，伯恩斯依靠的是人们对玫瑰的普遍体验和对颜色的感觉。如果我们不知道玫瑰，那这个比喻就没有意义，如同"我的爱人就像是什么什么"一样。

科学的专业化带来了一个问题，那就是不同领域的科学家很少有共同的经历，因此缺乏交流基础。苏格兰人都有自己的花园，所以即使是独身者，也会理解伯恩斯的说法。法国人都明白"拥抱"的含义，所以即使他们整个夏天都是中午才起床，也会明白"兰波"（Rimbaud）的意思。因此，即使我们对爱或黎明一无所知，通过伯恩斯和兰波的比喻，也可以用对玫瑰的理解来体会夏日的晨梦。

让我们将上一段话转变成非诗歌的语言，并使用我们自己的隐喻。说某个事物"像"其他事物，意味着一个事物的图像可以变得"依赖于"另一事物的图像。因此，暗喻就像函数。我们不说：

> 我的爱人就像是一朵红红的玫瑰……

可以写成：

$$爱人 = f(玫瑰，\cdots)$$

这说明从某种不确定的方面来说 f，爱人就像一朵玫瑰。或者，我们不说：

> 我拥抱夏日的黎明……

这句话把黎明比作爱人，所以我们可以写成：

$$夏日的黎明 = g(爱人，\cdots)$$

在这个层面上，科学和诗歌非常相似。诗人从隐喻开始，然后再详细解释他的爱人如何像一朵玫瑰，或黎明如何像可以拥抱的女神。科学家从完整的视角开始，然后不断进行修正和简化，最后将最初的函数归约成其他东西的函数。像诗人一样，最后的归约结果假定是已知的，因此不需要定义。

科学和诗歌一样，重要的品质不在于完成的隐喻本身，而在于转换的过程，也就是做出隐喻的过程。由于诗歌或科学本身的结构，隐喻可以建立在其他隐喻之上，函数可以建立在其他函数之上。如果

$$爱人 = f(玫瑰，\cdots)$$

并且

$$黎明的夏日 = g(爱人，\cdots)$$

那么可以得到：

$$黎明的夏日 = g(f(玫瑰，\cdots)，\cdots) = h(玫瑰，\cdots)$$

或者用诗歌的语言来描述：

> 暗夜的花蕾，紧紧包裹，要向黎明绽放。

基于其他诗歌的诗歌常称为"学院派"诗歌，因为它参照的基础不是现实世界的直接体验，而是其他诗歌的体验。同理，基于其他科学的科学常称为"学院派"科学。在极端的情况下，二者都是数学形式，都是一种超凡脱俗的玻璃球游戏[6]。

罗素认为数学完全没有内容，这是对数学家的奉承，而非遣责。在他们看来，理想的数学应该去掉所有世俗的东西。尽管这种理想的数学激励着数学家，却可望而不可及，就像人猿泰山不能利用他在丛林中找到的书学会用英语朗读和说话一样。我们在研究科学家如何使用隐喻，如何将知识从一个状态转化到另一个状态时，记住泰山的例子会有帮助。

科学如同诗歌，我们使用的词的含义最终都必须源自观察。"我们按照推理一步一步前进"，但必须从循环的某种属性开始。同样，我们可以根据伯恩斯和兰波的隐喻，逐步理解黎明的含义，但必须先知道"玫瑰"的含义。

游戏大师卢迪（Magister Ludi）能够净化他的玻璃球游戏，而我们消除世俗东西的能力超不过他。最后，正如黑塞（Hesse）书中的主人公所发现的那样，世俗的成分总是存在，因为我们本身就是世俗的。我们是从数百万代的世俗物质中提炼出来的，许多我们认为属于外界的事物却深藏在我们体内，存在于"真实"世界中。我们的眼睛能感受的波段，正是太阳光中穿透大气层能力最强的波段，这并不是巧合。生活在封闭洞穴里的动物是看不见事物的，盲眼动物可能不是在日光中进化的。通过研究视觉，我们能够了解过去视觉进化时的世界。通过研究科学的隐喻，我们可以了解进行科学研究的大脑的局限。简而言之，我们可以了解自己，了解大家为什么都在玩这个不可思议的游戏，它可以是诗歌、玻璃球，或者你愿意的话，也可以是科学。

5.2　事物与边界

> 欲采白菊朵，今朝初降霜。霜花不可辨，满眼正迷茫。
> ——凡河内躬恒（Oshikochi No Mitsune）[7]

隐藏最深的一个科学隐喻就是"事物"或"部分"的概念，它能与其他事物或部分清楚地区分开来。这个隐喻隐藏得很深，以至于我们用到它时很少能察觉到。人类学家谈到部落的"社会组织"时，就好像它是他口袋里的一盒火柴一样。但是，如果初出茅庐的实地考察工作者来到研究现场，根本看不到"社会组织"。经济学家提起"国民生产总值"（GNP, Gross National

Product），就好像它是育肥待宰的猪。GNP减少，国力就会随之削弱。但我们去哪里才能看到国民生产总值？去财政部吗？

这些"事物"或"部分"是"属性"或"性质"的拥有者，它们拥有这些特性，就像火柴盒装着火柴，猪带着膘一样。通过区分"事物"，可以区分不同的属性。想要称猪的重量，我们必须把它弄出猪圈，洗干净，然后放到秤上。想要测量GNP，我们需要成立一个专门的政府统计部门，聘用几百个经济学家，将它从许多混在一起的其他数据中分离出来。[8]

我们使用"部分"或"事物"这一隐喻，这与我们在物理空间的体验密切相关，尤其是我们对"边界"的体验。正如达芬奇所说的："一个事物的边界就是另一事物的开始。"

在地球表面，我们可以围着某个东西画一条线，然后立即区分出"里面"和"外面"。即使这条线弯弯曲曲，就像图5-7那样，我们仍然可以判断某个点（如点P）在里面还是外面。"外面"是指遥远的地方，这符合我们的想法，即距离遥远的事物之间没有看得见的相互影响。因此我们可以这样确定P是否在外面：从P开始走向已知的外面区域，走向极远处。如果我们记下穿过边界的次数，那么最终到达确定的外面时，就可以算出P是在里面还是外面，如图所示。

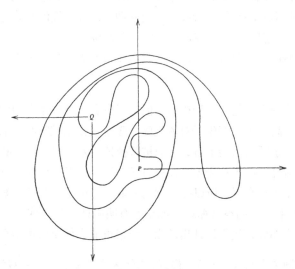

图5-7 如何判断里面和外面。从点P开始，向远处画一条线，直到确信已在外面。因为线穿过边界的次数为偶数，所以P在"外面"。相反，Q总是需要奇数次穿越，所以是在"里面"。这样，对于边界有限的图，"里面"和"外面"就是定义清晰的概念

明确区分不同部分的思想根深蒂固，所以我们很自信，认为总能区分出里面和外面，即使可能需要花费许多精力。通过类推，我们将这一概念应用于所有系统，用"系统"这个词来表示"里面"，用"环境"表示"外面"。根据无差异法则，我们也许会想，随便哪部分都可以叫作"系统"，因为一个人的系统可能就是另一个人的环境。但根据差异法则，系统的选择对我们的世界观可能非常重要。

我们的系统并非都存在于物理世界中，所以边界通常只是一种比喻。即使如此，我们在处理具有实际边界的系统时，也遇到了推理上的困难。出现问题往往是因为我们根据以往的经验或前辈的经验来选择边界。由于这些经验在大多数情况下很有效，所以当它们无效时，我们也很难摆脱它们的影响。

例如，在选择边界时，影响我们的主要是容易辨识的物理特征。颜色明显变化处、纹理变化处、固液交界处以及液气交界处，这些和很多类似的情况常被当作边界。另一方面，如果两个固体牢牢地粘在一起，总是一起运动，我们就很难定义它们的边界了。霜花不可辨，满眼正迷茫。

多数时候，我们认为人的边界是皮肤，因为那里是固体和气体的交界处，有明显的颜色变化。肺就有点问题了，因为它的形状很像图5-7所示的曲线。但是闭上嘴，肺里的空气就成了身体的一部分。另一方面，除了肺里的空气，还有一些界限不明的空气跟着我们一起移动。这些空气没有确定的边界，但我们移动时，它们也移动，我们停止时，它们也停止。它们中的一部分是靠呼吸的力量循环的，但这不足以完成我们体内的废气与新鲜空气（氧气）的交换。

空气的这种交换是靠一种机制，但是很少有人考虑这个问题。废气离开人体时温度稍高，因此产生了对流气流。暖空气比未被呼吸过的冷空气轻，所以从嘴和鼻子呼出后会上升，从而被替换掉。太空舱的设计必须满足宇航员在非正常情况下的生理需要。在失重状态下，由于冷热空气重量不同而产生的对流气流不存在了，所以必须预先采取专门措施，保证宇航员身体外面（从某种观点来看）的空气循环。如果没有明确认识到这些空气是"宇航员系统"的组成部分，我们设计出的太空舱很可能会使宇航员窒息。

另一个例子也与人体有关。最近，人体人类学家卷入了一场激烈的辩论，即为什么人类的体毛相对于其他灵长类动物要少得多。一个学派认为，人的体毛较少有利于散热，这样在炎热的环境中也可以打猎。另一个学派认为，毛发是寄生虫的滋生地。还有的学派认为，人类的毛是在水生阶段脱掉的。

但所有这些理论都没能解释毛发保留下来的原因，比如头发。

我们通常认为毛发是身体的一部分，因为它与身体相连。如果我们考虑散热问题、寄生虫问题或游泳问题，那么这样看待毛发是有帮助的。但是，这种广泛接受的思维模式让我们对另一种可能性视而不见：在某些情况下，最好将毛发看成身体的外部。与体细胞中的物质不同，物质一旦进入毛发，就不再参与身体的生理过程。既然毛发中的物质曾经在生理系统内部，而现在在外部，那么生理学家可以把它看作人体排泄物，就像汗液、粪便和脚趾甲一样。这样想似乎有些牵强，不仅是因为头发生长在身体上，而且因为这种排泄的速度实在太缓慢了。但一想到头发是环境的一部分，生理学家就开始考虑检验头发，看看它从人体中带走了什么东西。很巧，头发是排出某些微量元素的最有效方式，这可以在一定程度上解释为什么体毛没有全部脱落。

这样的例子不胜枚举，可以表明我们关于"自然"边界的固有观念会影响思维的有效性。我们的祖先留下的仍然是一套好工具，可用来在物理空间中划分系统和环境，所以我们不应全盘否定这些工具。然而，如果我们遇到的是没有明确自然边界的系统，则边界的隐喻很容易诱使我们进行有吸引力却错误的推理。

出现麻烦是因为，即使是物理边界，也和我们想象的不太一样。边界可能故意"穿越"某些东西，在别的情况下我们会认为这些东西是一个"部分"。例如得克萨斯州酒吧中的沙龙和俄克拉荷马州的夜总会表演，一个绕开了该州的禁酒法，另一个则绕开了该州的公众礼仪法。这里的问题是，"边界"可能不是无限薄，它刚好既属于系统又属于环境。这种边界不是分割，而是连接。

为了清楚地表明我们所讨论的边界不是完美薄、完美分割的线或面，系统思维学者使用"接口"一词来描述这部分世界，就像双面神一样，能够看见里面和外面。"接口"这个词比"边界"更有用，因为它提醒我们注意系统和环境的连接，而不只是分离。

边界的隐喻渗透到系统思想中，主要是通过图表而不是文字。按照惯例，一个"部分"画在纸上是一个有边界的区域，即长方形、圆形或其他简单的封闭图形。一个"连接"表示成一条线或一个箭头。在图5-8中，我们可以看到一些典型的图，它们分离了系统和环境，并特别包含了接口。注意，对于系统思维学者来说，这些图是等价的，因为盒子的形状和大小、线的长度和曲度、盒子和线在图中的位置都不影响"抽象"结构的描述。当然，我们也不是对这些事情毫不关心，有时候，画得很好的图对我们的理解大有帮助。

但是同样，这种图表的威力也可能将我们带入享乐堕落之路。如果盒子的形状和位置有所暗示，那么相同的符号表示也会造成误解。但更重要的是，使用边界的隐喻来转化不同系统。并非所有系统都可以像图5-9那样，清晰地从环境中分离出来。首先，"森林"边界不像我们想象的这么清晰。更加误导人的是将植物和食草动物这样的"部分"之间的"边界"理想化。尽管从数学意义上来说，我们有可能画出这样的边界，但这会非常复杂。相比之下，图5-7中的曲线简直可以看成完美的圆。而且，动物总是四处活动，所以我们是否真的能够在植物和动物之间、食草动物和食肉动物之间，画出一条有意义的边界呢？更何况有的动物既食草又食肉。我们不能，正如在通用电气公司里我们不能区分出工人和管理者，在西洋菜三明治中我们不能区分出维生素和矿物质，在愚蠢的音乐盒中我们不能区分出亮格度和米穆斯。

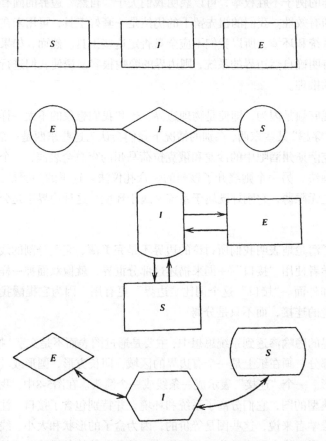

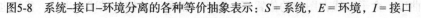
图5-8　系统–接口–环境分离的各种等价抽象表示：S = 系统，E = 环境，I = 接口

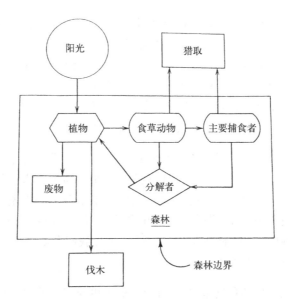

图5-9 森林组成"部分"的简单概念模型

我们应该经常采用包含盒子的有向图作为结构图以辅助系统思维。但如果这些图是在暗示：

> 我的系统有清清楚楚的边界

实际上我们就像在说：

> 我的爱人就像是一朵红红的玫瑰。

因此，作为科学家，如果我们针对一个系统得出更具体的结论，就必须更精确地描述分割，而不能停留在诗人般的隐喻上。而且，这种结构图是有局限的（或者说我们自己是有局限的），因为我们一眼大概只能看清楚15个盒子。超出这个数，我们的思维就开始犹豫，而我们需要进一步的支持，这种支持来自几个方面。

5.3 性质与不变法则

> 世界上有两类人，即把所有事物分成两类的人和不这么做的人。
> ——肯尼斯·伯丁（Kenneth Boulding）

性质的意思是什么？正如那个发明家所说的，我们无法解释其含义，除非指着具有不同"性质"值的状态来解释。我们把这种指着定义的方式称为"例证定义"。尽管我们在解释一组性质时可能会用到另一组性质，但我们还是隐藏了一个事实，即最初的集合是通过例证定义得到的。确实，我们已经远离了最初的定义，远到不去区分原始的性质和导出的性质。但是，现在我们希望尽可能回溯到最初的性质，是玫瑰花的玫瑰花就是玫瑰花。

对于记忆力有限的观察者，性质具有思维功能。我们可能认为某些性质比其他性质更"自然"，但是这仅仅表明我们更习惯于用那种方式观察。所谓"习惯"，可能包括"遗传学习惯"，也就是说，我们的祖先发现某些性质比其他性质更有用，经过许多代的进化之后，我们更容易"看到"这些性质，而不是其他性质。这些能力遗传给了我们，所以我们会觉得"红色"是比"亮格度"更"现实"的性质。

当然，从实用的角度来看，"红色"的确更现实，平均来说，它的使用频率远高于"亮格度"。但这里我们不考虑平均情况。在具体情形下，任何一种性质都可能是简化视角的最佳选择。"红灯亮"可能是我们开车或使用电烤箱时需要的东西，但对于穿过丛林或使用一个疯狂的音乐盒来说，它就没有用了。

随着我们的工作环境越来越陌生，那些继承和习得的感知能力会变得越来越低效。我们很少在同一季节中看到冰霜和鲜花，所以在初霜中寻找白菊花比较困难。但如果我们从祖先那里继承了红外视觉，那就毫无困难了。在鸡蛋胖胖的的疯狂世界中，我们发现自己毫无办法。

如果我们不考虑性质感知的继承性，尝试抽象地看待问题，则可以做出以下分析。发明者提到一种性质，他称为"亮格度"。为了弄懂他的意思，我们先让他指出每个状态的亮格度的性质是什么。如果所有状态的亮格度性质一样，那么亮格度这个性质对行为分解就没有作用，它只是相当于"处于一个状态"或"存在"。

亮格度的"性质"不一定是数量。对于亮格度来说，存在4种可能的值：

$$(A, B, C, D)$$

然而，亮格度作为一种性质，对于每个观察到的状态，都必须有相应的值与之对应。如果需要的话，可以在值的列表中增加"不详"或"无"来解决这一问题。对于未观察的状态，也可以用这个词来表示，就像在图5-5中用问号

来表示状态 (f, l, r, x) 一样。

尽管我们可以猜出没有观察到的状态的亮格度值,但是这种猜测只能基于其他性质,比如 (R, G, W)。实际上,我们写下 (f, l, r, x) 只是因为我们以前见过这些状态,或根据笛卡儿积,根据已有的知识推断出它们存在。如果我们从未观察过别的音乐盒,也不会考虑这些状态。但只是经过几分钟的观察,我们就开始把一种情况下的学到的东西转移到我们认为相似的情况中。将一个系统分解成多种性质的好处之一,就是有可能将观点扩展到未观察到的状态。如果在一个循环中,我们仅观察到20个无差别的状态,就无法描述其他状态。这20个状态仅具有存在的性质,没有其他性质。

然而,在最初对黑箱的观察中,出于某种没有解释的原因,我们一开始就辨别出系统有3个"部分"或性质,即 (R, G, W)。通过观察每个性质的不同值,再利用笛卡儿积,我们就可以推断出未观察到的可能状态。在特定情况下,这种推断可能是错误的,但受当前已知数据的限制,这是唯一貌似合理的途径。

发明者眼中的鸡蛋胖胖音乐盒只有 $5 \times 4 = 20$ 种可能的状态。因为所有这些状态都在他能观察到的行为中,所以他不能像我们一样猜测其他的可能状态。他的看法是否比我们的强?这取决于这些音乐盒是否会进入 (f, l, r, x) 状态。例如,如果他使用新的哨声,而这种哨声不是由6种音调组成,那么我们那些额外的状态就会成为多余的负担。

总之,性质是对系统状态进行分组的一种方法。例如,质量性质的最终定义是显示一个系统的一些状态,该系统中的质量要么相同,要么不同。如果我们想测量质量,除了"相同"和"不同"以外,必须引入其他算符,比如"大于"。但是我们现在只关心质量的简单划分以确定问题的性质。

科学家有时会提到两种性质(广度量和强度量),依据的是将系统划分为几部分时性质如何变化。如果把一块巧克力掰成两半,每一半的质量都与原来的不同,那么质量就是一种广度量,因为它取决于系统整体性的保持程度。另一方面,当我们把巧克力掰成两半时,每一半还是"巧克力",因此巧克力是一种强度量。或者举一个更偏向物理学的例子,每一半巧克力都有相同的密度,所以密度也是强度量。

一些系统研究者想要借用物理学中的这种区分方式,但在理解"性质"的概念时犯了一个根本性的错误。这种混淆还是相对思考和绝对思考的混淆,因为广度量和强度量的定义与某种分解动作有关。比如密度。如果我们切开一块巧克力，那么每一半的密度都与原来一样。然而，如果我们在头脑中将巧克力分成味道和浓度两种性质，那么任一部分（"味道"和"浓度"）都不再具有密度性质了。因此，密度在用刀切开的情况下是强度量，但对于头脑中的某种分割就不一定了。

举一个技术性不强的例子，这可能对物理学家也有帮助。在每天的英语交谈中，我们为了确定复数形式，总要区分强度量单词（如"牛奶"）和广度量单词（如"西瓜"）。如果把牛奶和牛奶加到一起，得到的还是牛奶。但是，如果把西瓜和西瓜加到一起，得到的就是西瓜的复数形式。相反，如果把一杯牛奶分到两个杯子中，那就得到两杯牛奶。但是，如果把一个西瓜分成两半，那么得到的只是两个半块西瓜。区别究竟何在？

糖和牛奶一样，爆米花也一样。这似乎和东西的尺寸有关，因为尺寸决定了我们分割该物质的常用方式。我永远也忘不了那个忙碌的周六。当时我正在干果柜台，一个瘦小的老妇人走过来问："一磅小红莓有多少个？"小红莓正处于广度量与强度量之间的分界线上。对于胡桃，她也可以问同样的问题，但对于花生她就不会这样问了。换言之，如果愿意的话，我们可以数出胡桃的个数，但是对于花生来说，还是采用称量的办法比较明智。不过，对于复数的这些认识，都来自于我们通常采用的分解方法。阿伏伽德罗因为敢于追问"一磅有多少个原子"，从而开创了科学的历史。

广度量和强度量的定义反过来可以看成"分解"的定义。物理学家给出了一系列的广度量和强度量，然后指出：

> 如果强度量保持不变，那么你对系统的分解就是正确的。

换句话说，如果我把花生从巧克力中挑出来，分成一堆花生和一堆巧克力，那么这两堆东西的密度是不同的。我们可以得出结论：密度不是强度量，或者我们的分解没有满足物理学家给出的准则。

对于平时所见的绝大多数"事物"，我们在大脑中都有一套"正确"的分解法则。如果我和你要分一袋花生，可以将每个花生都一分两半，或数出花生的总数然后各分一半，但这样的做法你一定会觉得很可笑。我们对小红莓感到迷惑，部分原因在于我们对它不像对花生那么熟悉，另外还因为它处在一个模糊的边界上（一只手能抓住），两种分解方法似乎都行。

于是，除了关注性质，我们还可以关注分解的类型，这些分解保持一个性质或一组性质不变。这样我们可以区分两种分解，一种保持这个性质，另一种改变这个性质。然而，分解成几个部分只是科学家的一种隐喻，或者说"转换"。我们可以将这种概念应用于其他转换中，从而得到不变法则：

对于任意给定的性质，都存在一些保持它不变的转换和一些改变它的转换。

而且我们可以改变侧重点，确定转换方式，将不变法则改写为：

对于任意给定的转换，都会保持一些性质，改变一些性质。

所以，一般来说，一种属性或性质可以通过那些保持它的转换来描述。同样，一种转换也可以通过它所保持的性质来描述。我们之所以认为某些转换工具有价值，是因为它们让我们感兴趣的性质保持不变。我们说图5-8中的4个图形是"相同的"，其实是说我们可以转换它们的尺度、形状和方向，而我们关心的性质不会改变。因此，那些随着转换而改变的性质是"不重要的"。

反之，我们通过禁止相应的转换来表明某些性质是重要的。我们不能去掉连线、增加盒子或让箭头反向。在某些情况下，一些转换可能不会改变含义，比如将图5-8中的箭头全部反向。但是我们谈论的是一般情况，而非特例。在这个例子中，我们谈论的属性是"作为某个结构的结构图"，这个属性在所有箭头反向时通常不能保持。

一般来说，我们无法准确说出属性的含义，因为可能有无限种转换。如果改变盒子的颜色，我们是否保持了"作为某个结构的结构图"的特性？答案是肯定的，但是从图5-8中的4个例子中我们看不出这一点。同样，从这有限的几个例子中，我们不能确定是否允许将所有箭头反向。

总结以上内容，我们可以将不变法则重新表述为：

要理解变化，只有通过观察什么保持不变。要理解恒久，只有通过观察什么发生了转换。

5.4 分割

我们一直知道，隔离操作是处理周围世界时必不可少的措施，但同时它也从未能够干净利落地执行，因为所有事物都与它周围的事物相关联。

——P. W. 布里奇曼[9]（P. W. Bridgman）

作为将系统分解成无边界的"几个部分"的例子，我们可以回头看看对性质的划分，比如亮格度、褐色和勇敢。数学属性定义了清楚的分割，但这却不依赖于所分割的事物，除非这些属性假定我们已经知道怎样将一个集合从其他事物中分离出来。如果我们成功地进行了这样的分割，那么3条数学定理可以告诉我们如何进一步进行子分割。

分割可以用一组有序对来描述。比如，在分割一组状态的例子中，每个有序对都是两个观察到的状态。在这个例子中，这些有序对并不表示"是后继"的关系，而是表示"亮格度值一样"。因此，既然 (a, d, h, i, o) 亮格度值都一样，根据笛卡儿乘积，我们就可以写出所有可能的状态有序对，来描述亮格度。

显然，如果我不能始终用一个特定的状态来识别一种性质或属性，那么它就不能满足我们所定义的性质。例如，如果我们看到状态 d，而且发明者告诉我们它与上一次的亮格度不一样（有序对 (d, d) 不在集合中），那么关于性质的整个思想就瓦解了。对一致性的这种要求产生了描述分割的第一个数学条件，因此，我们这样描述性质：

> 对于每个状态 x，有序对 (x, x) 必须在关系表中。

数学家称之为反射条件（想想镜子中的反射）。如果分割描述一个性质，那么意味着当状态一定时，这个性质不随时间改变。如果一开始我们就采用性质的思想，就像使用 (R, G, W) 一样，那么我们只要根据性质值的改变就能确定状态。如果我们从状态的完整理解开始，就必须选择那些具有反射特性的性质。

关于反射性的检查可以防止我们犯绝对主义思维的错误，防止把相对属性看成是绝对的。例如，试图将一个村庄中的所有人按照"表亲"分成几组是不合理的，因为"表亲"这一属性并非是绝对属性，而是两个人之间的关系。一个人不是表亲，而是某人的表亲。如果能注意到每个人显然都不是自己的表亲，那么这种思想的错误就显而易见了。因此，我们不能按照"表亲"这一性质的不同值将一个村庄的人分组。

一个关系要符合我们对性质的直观理解，第二个属性就是对称性。例如，讨论两个状态在某个性质上是否相同时，不应依赖于出现的顺序。如果我们先问"d 的亮格度是否和 h 相同？"，然后问"h 的亮格度是否和 d 相同？"，这两个问题的答案应该一样。从心理学角度来看，对称性并非总是成立，所以对相同或不同的判别可能取决于判断提出的顺序。在这种情况下，我们讨论的属性并不是通常所说的性质。

同样，对称性可能在初看起来无害的情况下被破坏。例如，如果我们尝试将一个村庄按"朋友"分组，我们必须定义每个人都是自己的朋友，以满足反射性条件。但是如果我们问A是不是B的朋友，得到的答案可能与我们问B是不是A的朋友不一样。根据无差异法则，我们无法确定哪个答案更可信。因此，如果想根据"朋友圈"这一性质建立一个理论，我们就会陷入混乱。

就算"朋友关系"在某个特定的系统中是一种对称关系，由于需要传递性，即第三个条件，我们还是不能将这个系统分割成"朋友"的子系统。假如我们可以说"如果B是A的朋友，且C是B的朋友，则C一定是A的朋友"，那就满足了传递性。显然，对于朋友关系，传递性根本不必满足，因为A和C也可能是陌生人或敌人。

传递性错误是讨论性质或部分时最容易犯的错误。考虑一种普通的情况：关于颜色分类的概念。比如"红色""蓝色"或"绿色"。观察者如何划分一组颜色样本呢？他可以一次观察一对颜色，然后判定这两种颜色是否相同。但是，他判定完所有的组合后，能否完成颜色分类呢？也许能，但可能性不太大。为什么？因为人类的视觉器官所能辨别的色彩差别是有最小限度的，心理学家称之为"最小可觉差"，或JND（just-noticeable difference）。用系统思维学者的话来说，就是"纹理"或"分辨率"。

由于JND的存在，A和B可能是不同的颜色（超级观察者能区分它们），但我们的观察者认为它们"相同"。假设B只是比绿色A"稍微偏蓝一点"，但观察者不能辨别这种差别。而C只是比B"稍微偏蓝一点"，但也没有超过JND。碰巧观察者能区分A和C之间蓝色的差别，所以对他来说，尽管A与B的颜色一样，B与C的颜色一样，但是A与C的颜色并不相同。

无论是机器还是感觉器官，分辨率都是所有测量过程的一部分。由于存在纹理，所以可能不满足传递性。只要传递性不满足，就没有完全的分割，就不能清晰地将一个系统分成子系统，就不能清晰地区分系统和环境。如果我们要测量一些关键部分的长度，采用的方法是与下一个部分比较，而且分辨率为0.000 2英寸，那么1.000 0和1.000 1被认为是"等长的"，后者和1.000 2又是"等长的"，以此类推。但1.000 0和1.000 2不是"等长的"。不足为奇，这样的测量针对的是单一的标准，而不是连续针对最后测量的部分。

如果测量的维度不像长度这么简单，传递性的错误就更容易发生。例如，在生物学中，有时按照交配能力来定义物种。如果某类雄性可以成功地与另一类雌性交配并繁殖出杂交的后代，那么这两类就属于同一物种。尽管这看上去是一个清楚的概念，但进一步研究就会发现，这与起初按照物理特征相似来确定物种的概念一样，也变得模糊不清了。

沿着阿巴拉契亚山脉，相邻区域的青蛙都可以成功交配，但山脉两端的青蛙却完全不能交配。因此按照交配标准来划分这些青蛙的物种就是错误的。实际上，许多自然学家已经对全球物种这一概念的有效性产生了怀疑。

虽然物种的概念被认为是一种分割行为，但我们也可以把它看成一种组合的错误。物种的定义在局部范围内是有效的，但对于多个局部组成的大系统来说就不可行了。有人对此也进行了研究[10]。交配准则不能很好地划分物种，因为它假定有一个清楚的定义（"成功交配"），而这与被建模的系统不符。在不严谨的谈话中，很容易认为两类动物要么可以成功交配，要么不能。我们不太有机会挑战自己过于清晰的世界观，因为有些现象我们很少遇到，比如盐湖城动物园的狮虎兽Shasta，它的父亲是一只非洲狮，母亲是一只孟加拉虎。动物学家对于动物世界的了解更深入，他们认为，考虑到整个范围内交配的成功率可大可小，有效测量需要更加精确。一窝产仔数量不同，经过一段时间后存活的数量不同，每年的产仔次数也不同。如果不考虑成功交配繁殖测量的各种不同，就不可能推导出始终有效的物种定义。

好吧，也不是完全不可能。毕竟，如果我们随意挑选一对动物（一只青蛙和一匹马，一条狗和一只鹪鹩，或者一只短吻鳄和一只鸭子），它们根本不可能繁衍后代。我们相信这一点，尽管没人试过让一只短吻鳄与一只鸭子交配，因为至少要保证一方不会吃掉另一方。尽管这样的原因和澄清交配的概念无关，但我们可能是对的。

我们马上会看到，世界往往清晰地分成一些部分，而不是像我们认为的那样随意分类（不遵守反射性、对称性和传递性）。

5.5 强连接定律

清晰的逻辑思考要求我们每次只改变一个因素。

——一本科学教科书

所有其他东西都不变……

——另一本科学教科书

数学上的正确分类和科学上的有用分类有很大区别。例如，疾病描述通常采用不同的分类方法，包括：

(1) 侵入病原体（流行性感冒病毒、绦虫）；
(2) 人体的直接反应（风湿引起的发烧、霍乱）；
(3) 最终造成的损害（小儿麻痹、肌肉萎缩）。

当然，医生必须根据他的观察做出判断。如果他不能区分这些疾病，那就毫无前途可言了。但是医学研究者寻求其他的疾病分类方法，这些方法不一定很容易辨别，但是能奠定基础，不受当前疾病状态的限制。

"每次只改变一个因素"是一个无用的忠告，除非我们已经划分好因素或者性质。然而，要发现有用的因素，只能通过大量的实验，并以不同的方式转换视角。一旦我们得到了一组"正确的"因素（一旦我们正确地划分了环境和系统），答案就简单了。实际上，这种简单性就是"一组正确的因素"的定义。

如果停留在直接定义的层面上，就没有可以改变的因素集合，只有这个状态、那个状态和另一个状态。由于科学中使用的那些转换似乎非常自然，所以一些研究者认为因素分解可以随意进行。这就是那些"将所有事情分成两类"的人。

举一个经典的例子（我们仁慈地隐去姓名）：

(1) 系统分成两类，即大系统和小系统；
(2) 每一类又分成两种，即集中的和分散的；
(3) 这些种类又进一步分解，即公有的和私有的；
(4) 系统分为机械化的和非机械化的……

我们忽略其余细节。这个模式很清楚。这种技巧可以保证数学意义上的真正分割。但有什么用呢？

分割要有用，就必须是动态有用的。系统的大小会带来什么不同呢？集中或分散又会带来什么不同呢？公有或私有呢？必须说明这些分类对系统的分割如何帮助我们研究系统。只有通过每次改变一个因素的尝试，我们才能知道它们是否应该称为"因素"或"属性"。根据不变法则，正是我们所尝试的那些变换，那些保持或破坏的东西，告诉了我们特定因素或属性的含义。

尽管我们不能精确说出某个特定属性的含义，但我们研究的转换越多，感觉对它的理解就越多。"越多"是个模糊的概念，但肯定不只是数量。例如，在图5-8中，一种转换是每个盒子的维度增加0.000 001毫米，另一种转换增加0.000 002毫米。用这样的方法，我们可以产生无数种转换，但对它的理解却一点儿也没增加。

不过，尽管我们不能精确描述转换"越多"是什么意思，但对"越少"却有所认识。我们甚至可以考虑这样的情况，就是想不出一个转换可以保持某个属性。在这种情况下，根据不变法则，属性与"存在"是同义词，某种意义上，它根本不能算是"属性"。

这不是标准的"系统"属性（当系统发生任何变化时，它就会消失）吗？这不是我们所说的"整体属性"吗？我们所谓的"系统"不就是指只有这类属性，只要转换就会改变的东西吗？

我们终于接近目标了。在前一章中，我们展示了执行简化策略达到极致的后果。现在我们同样展示了"整体"思维。剩下的事就是将我们的发现写成一般系统定律，即完美系统定律：

真正的系统属性是无法研究的。

换句话说，系统思想家像科学家一样，寻找的是圣杯（一种完美的系统），即使找到也无法研究。就像科学家或诗人一样，他们所追求的是逼近"真理"，而这种逼近永远不能完成。

我们先从这种完美主义的观点上后退一步，看看我们可以怎样利用学到的知识。科学革命基于简化策略，这已经为我们理解宇宙做出了巨大的贡献。在这个过程中，它对有些系统效果很好，对有些系统效果很差，还有很多系统没有试过。回想前面那个勤杂工的比喻，在几百年里，科学就是这样发展的。有一箱特定的工具（寻找不变属性时可以采用的转换），可以解决附近的许多维修问题。但过了一段时间，我们开始积累一些问题，这是一些勤杂工用他的工具箱不能解决的问题。系统研究者看到了这些积累，即科学尚未解决的问题。

积累的问题包括两种情况。第一种情况，当前的科学可以解决，但还未解决，要么因为没有尝试，要么因为理解不当。就算有合适的工具，也不是每个人都能修好漏水的龙头。第二种情况，当前的工具还不够。这是一般系统论运动真正关心的。

这是毫无意义的二分法吗？每种情况出现时并没有标明它是第一种还

是第二种。我们只能用科学工具来尝试，确定是哪一种情况。不过，既然科学在我们周围已经发展了一段时间，我们可以假定在未解决的问题中，第二种情况所占的比重增加了。再打个比方，我们在一个小池塘中钓鱼，过了一段时间后，大部分容易上钩的鱼已经被抓住了，这时就该换换诱饵了。

通过类似的论证，我们会发现，随着时间推移，容易分解的系统已经被分解，剩下的系统一般是连接紧密、较难分解的。我们相信，这部分也解释了我们的印象，即并非任意的组合（或冯内古特所说的"松散组织"）都可以称为"系统"。联系松散的组织当然也可以称为系统，但是这样的组织很容易被分解成一些因素，因相当极端的分解方法而丧失了秘密。而且，它们中的大部分已经分解了。

我们可以将上述讨论总结成强连接定律：

平均来说，系统连接的紧密程度在平均水平之上。

换言之，系统元素之间的联系比"松散组织"要紧密。印地安那州的胡希尔人和"某某党员"给美国人留下的印象不一样。我们相信他们没有通过密切协作使印地安那州超过伊利诺伊州。因此，我们已经在大脑中将胡希尔人这个松散组织分解成了独立的个人。个人构成了系统，而不是群体。

强连接定律可以用几种不同的方式表述。比如，可以写成：

系统由部分组成，其中任何一部分都不能改变。

胡希尔人黑兹尔可以做很多事情，而对家乡印第安纳的人们毫无影响。但可以想象，伊凡打个喷嚏，纽约的党员也会流鼻涕。

我们使用这种特殊的形式并不是打算直白地说一个系统是完美系统，而只是想唤起人们对互相依赖的属性的注意。这种组织很容易看出来，至少对于随意的或普通的观察来说是这样。因此，这样的系统（像给定的那样）并不支持"一次一个因素"的策略，因为通常的因素可能已经试过，而且发现不合适。我们曾经尝试用通常的分类来理解某个人的行为，但没有成功。因此，我们认为一个人是"某某党员"是一个大系统的不可分割的一部分，而不是一个独立的个体。

"一次改变一个因素"和"除了一个以外，保持其他因素不变"是相同的。因此，分解哲学也可以体现为，在科学定律的"如果……那么……"之前加上一段"所有其他东西都不变……"。根据分解的这种表述，强连接定律可以写成另外一种形式：

在系统中，其他事物很少保持不变。

回顾归纳出强连接定律的那些论证，我们会发现它们都起源于我们简化世界的需要。如果我们的脑力是无限的，就不需要将系统分解为部分或性质，强连接定律也不会令我们烦恼。因此，"系统"的感觉至少有一方面是源于我们的眼脑能力有限。

5.6 思考题

1. 语言学习

当一个说英语的人学习法语时，他通常需要花一些力气记住哪些单词是"阳性的"（le），哪些是"阴性的"（la）。应该是"La plume de ma tante"，还是"Le plume de ma tante"？Tante显然是阴性的，因为我们知道阿姨都是女的，但plume呢？也许。好吧，羽毛笔"看起来"是阴性的。那么汽车呢？据说，法国学术界在应该是"le voiture"还是"la voiture"这个问题上争论了40年。讲英语的人如何知道羽毛的性别呢？法国的小孩子是如何学会这些东西的呢？法国的学术界如何知道汽车的性别呢？

2. 遗传心理学

我们从哪里得到"事物"或"物体"的概念？是与生俱来的，还是后天获得的？关于这个问题的研究可以先参考以下文章：

T. G. R. Bower, "The Object in the World of the Infant." *Scientific American*, 255, No. 4, 30 (1971)

3. 不明飞行物

有时，尤其在炎热的夏天，我们会看到报道，说神秘的发光飞行物在黑暗中以惊人的速度飞行，做出难以置信的动作。这里我们不关心这些物体，而是关心另外一个问题。地外生物光临地球时，其采用的系统不是我们能识别的"物体"，这样的概率有多大？换言之，有没有"未被发现的飞行系统"？

4. 政治人类学

根据福忒斯（Fortes）和伊凡–普理查（Evans-Pritchard）的观点，政治体系主要分为两种：有政府社会和无政府社会。无政府社会又分为两种（未命名）：一种按照共同血统划分，另一种按照无法分割的亲属关系划分。

人类学家如何决定这种二分法是否合理（有价值）？

参考：M. Fortes, and E. E. Evans Pritchard, *African Political Systems*, pp. 6-7. London: Oxford University Press, 1940

5. 心理学和哲学

另一个出现JND的地方是对时间的感知，即对两件事情"同时"发生的感知。（参考：George A. Miller, *Language and Communication*, revised ed., pp. 47-49. New York: McGraw-Hill, 1963）"心理学上的现在"对应一段时间（JND），在这段时间中发生的两件事不会被视为发生于"不同的时间"。在心理学理论中，这种JND还有哪些可能的后果？基于同时性概念的物理学理论呢？

6. 语言学

人们通常认为语言是可以分离的，比如法语和意大利语。这些语言之间有明确的边界吗？如果没有，那么接口处会有什么（比如在阿尔卑斯山，说两种语言的人群接触的地方）？这些观察结果对于语言学理论有什么启示？对于语言训练呢？

7. 非传递性赌博

有一种儿童游戏叫作"石头剪刀布"。两个人同时伸出手，表示剪刀（两个手指）、布（张开五指），或石头（握拳）。胜者由非传递性的规则决定：剪刀剪布，布包石头，石头砸剪刀。在这种非传递性的游戏中，没有"最好的"策略，这对于孩子们来说太高深了。

马丁·加德纳（Martin Gardner）在数学游戏专栏中介绍的骰子游戏让成年人也难以理解。这个游戏是斯坦福的布拉德利·埃夫隆（Bradley Efron）设计的，有4只骰子，它们表面上标有以下数字：

A：（0, 0, 4, 4, 4, 4）
B：（3, 3, 3, 3, 3, 3）
C：（2, 2, 2, 2, 6, 6）
D：（1, 1, 1, 5, 5, 5）

第一个玩家先挑选一只骰子，第二个玩家再选一只，然后二人掷骰子，数字大的获胜。

请在普通骰子上标上数字，做一组这样的骰子，玩这个游戏，直到你弄明白为什么即使第一个玩家选择了了"最好"的骰子，第二个玩家还是有二分之一的获胜几率。提示：加德纳指出，"产生悖论（因为它违反常识）是由于错误的假定，即'更可能获胜'的关系在骰子之间肯定是可传递的"。

参考：Martin Gardner, "Mathematical Games." *Scientific American*, December 1970, Vol. 223, #6

8. 调查研究

做调查时，个人调查问卷通常要经过各种测试，以保证其"有效性"。一种测试就是关于某些偏好的传递性。例如，在研究最佳的家庭规模时，向妇女们问如下问题：

"你想要一个孩子，还是不要孩子？"

"一个孩子还是两个？"

"七个还是八个？"

然后从问答结果中推导出"最佳的家庭规模"。然而，如果有人回答"一个好过没有，两个好过一个，三个好过两个，四个好过三个，但四个不如没有"，她的调查问卷就会被认为"无效"而作废。请讨论这一过程背后的假定，并给出它适用和不适用的实例。

9. 土木工程

运河和水路常被认为是穿透障碍或边界的，但穿透也有差别。例如苏伊士运河，尽管这是个无闸门（闸门被人们认为是障碍）的海平面运河，但是一些高盐度苦水湖的存在阻止了许多可能穿越的物种，它们不能在这样的环境中存活足够长的时间。在我们看来，就像"水"在运河中，"鱼"在水中。当然，有些鱼可以轻松穿过这个"障碍"，但另一些则根本不能。还有介于中间的，穿越的概率各不相同。

请讨论运河作为"边界"或"接口"的不同概念对两边系统的影响。作为特别的例子，考虑新建大西洋–太平洋运河作为巴拿马运河的补充，但没有闸门这一建议。

参考：William I. Aron, and Stanford H. Smith, "Ship Canals and Aquatic Ecosystems." *Science*, 174, No. 4004, L3 (1971)

10. 国家公园

美国设置国家公园是为了保存国家代表性部分的"原始"状态。然而人们通常按照风景的美感划分公园的边界，而不是按照生态和谐，所以从此封闭的方式或者说现代人出现以前的方式保持物质和能量这个角度来看，许多公园并不是一个"完整"的生态系统。比如，迁徙的哺乳动物或候鸟每年只有部分时间在公园边界内停留，河流的源头也可能不在公园边界内。请讨论人们根据幼稚的美感人为地设定边界的其他例子，以及可能和预期一致的情况。请讨论这些边界差异的后果，以及人为边界如何变为"现实"。

参考：F. F. Darling and N. D. Eichhorn, *Man and Nature in the National Parks*. Washington, D.C.: Conservation Foundation, 1967

11. 市场

市场是一个边界，或一部分边界。市场聚集所有通过边界的交易，成为一个可见的舞台。这种集中让交易法规成为可能，否则交易双方的系统都会充满危险，如可能会有文化冲突。市场中充满了各种规则，以便限制行为。请讨论其中一些行为对于维持接口的功能意义。

12. 端口

如上所述，市场是"端口"现象的一个特例。端口是边界上输入输出流通过的特殊地方。在大多数边界上，没有交换，或者仅有非常有限的、也许是不可避免的交换会发生。输入输出这种危险的过程只能在端口处发生，某些特殊的机制或许能通过将这些过程局部化来应对输入输出的特殊问题。请比较各种类型的端口，如嘴、口岸城市、计算机终端或一扇门。

13. 隔膜

端口是局部化接口，与之相对的是"隔膜"，或分布式接口。一个显而易见的例子是细胞壁，几乎表面的每一点都可以让物质通过，但不是所有物质，也不是任何时刻都能通过。

请比较各种隔膜类接口的例子，如细胞壁、内布拉斯加州和南达科他州之间的边界、皮肤或帐篷。对比端口的概念和隔膜的概念。

参考：Reference: Lawrence I. Rothfield, Ed., *Structure and Function of Biological Membranes*. Chicago: AcademicPress, 1971

14. 本地分类法

地球上的每个地方都有独特的植物和动物，因此不出意外的话，它们也有各自的分类方法。林奈（Linnaeus）提出了最初的系统，至今仍被生物学家使用。1737年，他主要整理了欧洲的一个特定地区的民间分类法。林奈得到的种类是分离的、不同的个体，具有大家都认同的自然限制。但是他只研究了几千种物种，而世界上大约有上千万种物种，即使是现在，也只有10%或15%的物种被人们描述过。请讨论林奈的系统扩大到全球系统的分类时，可能会出现什么问题。

参考：Peter H. Raven, Brent Berlin, and Dennis E. Breedlove. "The Origins of Taxonomy." *Science*, 174 (17 December 1971)

15. 药理学

当我们考虑药物时，常常提到药物的"疗效"，似乎它是可以分离出来的某种不变的实体。只要不是经常吃药，这种看法可能就足够了，因为两种药一起吃的情况基本上不会发生。随着用药的增加（随着我们接近"一种病吃一种药"的生活哲理），这种清晰的分离不再适合药效的分析。例如，酒精常常与巴比妥酸盐和镇定剂发生剧烈反应，这已经广为人知了，因为嗜酒的人很多。但是近来，处方药之间的相互影响已经倍受重视。请研究这种相互影响，讨论可能避免危险后果的措施。将这些措施与计算平方定律和强连接定律联系起来。

16. 福利经济学

所谓的"福利经济学"尝试回答一个问题，即经济学家说一个状态的经济比另一个状态好是什么意思。

达到帕累托最优是指系统所处的状态不能转移到另一个新的状态，前提是没有人的情况变差，且至少有一个人的情况变好（都是根据他们自己的评价）。

请将这种观点与范伯伦（Veblen）的观点比较，他认为没有变化能帮助某人同时不损害另一人。如果范伯伦是对的（他的观点是"系统"的观点），

第 **5** 章　观察结果的分解

那么帕累托最优就毫无意义。那么在某种近似下，它是否有意义呢？请根据强连接定律和计算平方定律讨论这两个概念。

参考：Reference: Vilfredo Pareto, Manuel *d'economie politique*, 2nd ed. Paris, 1927

5.7 参考读物

推荐阅读

1. T. G. R. Bower, "The Object in the World of the Infant." *Scientific American*, 225, No. 4, 30 (1971).
2. Peter H. Raven, Brent Berlin, and Dennis E. Breedlove. "The Origins of Taxonomy." Science, 174 (17 December 1971).

建议阅读

1. Oskar Morgenstern, *On the Accuracy of Economic Observations*. New Jersey: Princeton University Press, 1963.
2. Hermann Hesse, Magister Ludi, *In Eight Great Novels of H. Hesse*. New York: Bantam Press, 1972.

5.8 符号练习

1. 已知集合 (A, B, C, D)，以下有序对是否构成一种分割？

$(A, A)(A, B)(B, A)$

2. 以下有序对是否构成一种分割？

$(A, A)(B, B)(C, C)(D, D)$

3. 以下有序对呢？

$(A, A)(B, B)(C, C)(D, D)(A, C)$

4. 练习3中增加什么样的有序对，可以构成一种分割？3个部分各是什么？

5. 假设将有序对 (A, B) 加到练习4的分割中，需要再增加什么有序对，才能构成一种分割？各部分是什么？

5.9 符号练习答案

1.所给的有序对不能构成一个分割,因为不满足反射性,比如缺少(B, B)。

2.是的,因为满足反射性,另外两种属性默认满足。回忆一下,例如,对称性要求如果(A, B)在集合中,那么(B, A)也必须在集合中。由于集合中不存在不同元素组成的有序对,所以这个条件自然满足,而且分割成"单个元素"的部分。

3.不是一种分割,因为集合中出现了(A, C),但是没有出现(C, A),所以不满足对称性。

4.加上(C, A),3个条件都满足了。分割实际上是:

$$\{ (C, A), B, D \}$$

5. 如果加上(A, B),那么就应该加上(B, A),满足对称性。之后,由于(B, A)和(A, C)都在集合中,所以应该加上(B, C)以满足传递性,然后显然应该加上(C, B)。这样给出了分割:

$$\{ (A, B, C), D \}$$

第 *6* 章

行为的描述

对我来说，从事操作分析让我坚信，而且随着实践越多越坚信，最好是分析行为或发生的事情，而不是研究物体或静态的抽象描述。

——P. W. 布里奇曼（P. W. Bridgman）[1]

6.1　仿真：白盒

在人类的发明中，数字计算机是最便于进行功能性的描述的。它实在是变化多端，在它的行为中（在它正常运行时），可以检测的特性几乎只有组织整体的特性。根据它执行基本操作的速度，我们也许能对它的组成部件和自然法则做出一点点推测。例如，速度数据可以让我们判断哪些部件较"慢"。除此之外，我们很难做出什么有意义的描述来说明运行中的计算机与具体的硬件特性有什么特定关系。计算机是由基本功能部件构成的组织，准确地说，只有由这些部件实现的功能，才与整个系统的行为相关。

——赫伯特·亚历山大·西蒙（Herbert A. Simon）[2]

在前面几章中，我们讨论了"黑盒"：要了解这样的系统，只能观察其行为。对有些人来说，所有的系统思维都始于黑盒范式。但对另一些人来说，采用的方式正好相反。而我们对两种方式均不能顶礼膜拜。黑盒是理解事物的一种方法，"白盒"（或仿真、透明盒）是另一种方法。要理解其中一种方法，就必须同时理解另一种方法。

有一些系统论者将仿真视为终极工具，因为他们相信，要说明对行为的理解，就要构造一个系统来展现这种行为。不再将系统内部完全隐藏起来，而是完全展现出来，这就是白盒，而不是黑盒。但我们将看到，由于我们自身的局限性，任何盒子都无法完全展现，即使它是我们自己构建的。就算是最简单的系统，有时也会让建造者感到意外。

不过，如果我们能够组建一个系统，其行为看起来与我们宣称要理解的系统一样，那么我们的宣称也就得到了强化。如果我们试图组建一个仿真系统，却没有成功，至少说明我们的宣称被削弱了。但是，我们永远也无法确信我们的仿真系统能够捕捉被研究系统的所有特性。要做到这一点，必须进行无数次的变换。

我们可以按照一定比例构造物理模型来仿真系统，设计轮船和飞机时就是这样做的。这种仿真非常直观，因为模型船"看起来很像"轮船。然而，建模者必须努力克服自己的直觉。例如，在20世纪初，当地质学家开始建立小比例的岩石系统物理模型时，很自然地选择了页岩来代表页岩。但是，由于比例的关系，页岩的特性并不适合做模型，而且它太硬了。最终他们发现，用沥青模拟页岩是最好的，沥青是比页岩本身更好的页岩模型。

只有明确了比例放缩法则，建模者才能预测模型的行为与轮船、飞机和山体岩石的行为之间的关系。这种比例放缩法则的研究被称为"维度分析"，特别要推荐给那些经过适当的数学训练、有志成为系统论学者的人[3]。例如，图6-1中有一大一小两个力学系统。每个系统都是弹簧上悬挂着一个质量为m的物体。这样的系统一般会按照固定频率震荡，所以有多种用途，例如，可以用作时钟的计时基准。

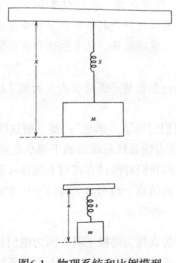

图6-1 物理系统和比例模型

现在假设我们计划根据上述原理在高高的尖塔顶上建造一个钟。如果这个钟体积大、造价高，而且一旦就位就难以调节，那我们很可能希望在开始建造大钟之前，先用一个小系统来仿真，这样我们就可以知道一些情况，比如某个弹簧需要悬挂多大的质量。应用维度分析，我们就可以利用模型的观察结果来预测大钟的实际行为。大钟就像模型，只是"更大"而已。

另一种直观性较差的仿真是进行模拟计算。现在，大部分的模拟计算都是通过电子模拟完成的，电子电路与被研究的系统在某些方面类似。图6-2展示的电路图是图6-1中力学系统的模拟。对于缺乏专业经验的人来说，这两个系统之间的相似性不像力学系统和比例模型之间的相似性那么明显。但是，就像一般人可以看出大小弹簧之间的相似性一样，工程师可以看到这两者之间严格的相似性，或同构性。实际上，与比例模型相比，电子电路模拟通常更容易，其变换规则更直接，不需要复杂的维度分析。

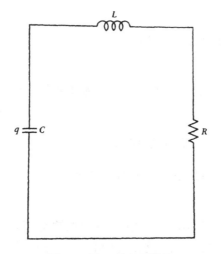

图6-2　图6-1的电子模拟

例如，电容C上的电荷q，就是力学系统中距离X的直接模拟量：电容的容量直接对应弹簧的弹性；电阻的阻抗R对应力学系统中的摩擦力；电感L对应质量m。因此，通过观察电容上的电荷，我们就可以得出关于质量m运动的结论，而根本不必搭建时钟。

复杂得多的系统（生物系统、力学系统等）也可以通过类似方式用电路进行仿真。但因为大多数人不具备电子工程技能，所以对刚刚入门的系统论者来说，模拟计算机不是一种可行的仿真方法。当然，那些准备充分的人会在学习中有所收获[4]。

幸运的是，对没有物理学或电子工程基础的人来说，数字计算机提供了一种更实用的仿真工具。数字计算机作为一般性的仿真工具，拥有比例模型和模拟计算机不具备的一些实用优势，但这里我们只需要注意一项优势，就是"编程"。这种机制让我们能用比较自然的语言来建立白盒系统，这样我们在讨论时就可以站在同一条起跑线上。研究计算机编程是一种提高系统思维水平的绝佳方法[5]，但即便没有编程经验，我们也可以理解伪计算机编程语言中包含的处理过程。

举例来说，假设我们希望仿真你在仓库中看到的那些音乐盒，这样即使发明者不在场，我们也可以研究它们。计算机可以连上一对指示灯和一个哨子，如果能连接一个可以打印（R，G，W）值的打字机就更好了。我们可以把待显示的20种状态输入计算机内存，它们可以用（S_1，S_2，$\cdots$，S_{20}）表示。然后，我们为计算机提供一个程序，即控制打字机的一组指令。程序可能是这样的：

(1) 将第(2)行重复20次，i从1变到20；
(2) 显示状态S_i。

这个程序将打印出一个完整的状态循环。如果希望无限次重复该循环，我们可以在程序中加一行：

(0) 无限次执行第(1)行和第(2)行。

在计算机中输入这3行程序，它就会连续打印这20个状态的循环，直到我们看累了，或纸用光了。

敏锐的读者此时会指出，上述模型是自欺欺人，因为要实现上述结果，我们几乎不需要了解音乐盒。这种技术就像一台下象棋的机器，其实里面藏着一个小个子象棋大师。我们藏起来的小个子大师就是排好顺序的20个状态。结果完全正确也就不足为奇了。关于我们对音乐盒的理解，这都证明了什么？答案自然是，什么也没证明。

要让我们对音乐盒的理解产生信心，唯一的办法是输入的状态少于20个。然后我们看看，得到的结果是否符合真实音乐盒的观察结果。例如，在鸡蛋胖胖的音乐盒中，我们能够区分两个独立的循环，一个是具有4个状态的灯光（L_1，L_2，L_3，L_4），另一个是具有5个状态的音调（W_1，$\cdots$，W_5）。如果将这9个子状态输入计算机，我们可以执行下面的程序：

(1) 无限重复第(2)行，i从1变到4，j从1变到5；

(2) 显示状态 (L_i, W_j)。

这个程序就不像前面的程序那么虚假了，因为我们只输入了9个状态，却得到了20个状态。为什么？因为我们将鸡蛋胖胖的音乐盒分解成了一些属性，这些属性不像鸡蛋胖胖那样，它们分解了还可以组装回去。

正是在这个意义上，我们说系统的仿真说明了我们的理解。如果我们不是简单地复制或者模仿一个系统，而是通过较少的部分、状态或属性来组建一个模型，就一定对系统有了某些了解。

为了说明这种建设性的仿真概念，让我们来搭建一个复杂得多的机器，这里的复杂意味着有大量的状态。假设每个状态由100位数字来表示，根据笛卡儿积，有10^{100}种可能状态。要存储这台机器的所有状态，需要计算机具有100×10^{100}位的数字容量。由于计算机不具有这样的容量（毕竟已知的宇宙中都没有这么多粒子），这自然证明了我们没有骗人，至少我们不可能预先在计算机中存好这么多状态。如果需要对这个机器进行仿真，我们就必须通过少得多的状态生成这个机器的行为。

在详细设计仿真之前，我们先给出一个貌似可信的背景设置：一个白盒模型的阐释。假设我们刚刚获得了一般系统论思维的博士学位，并在城里开了一家公司，"一般系统思维专家"的铜牌在门上闪闪发亮。由于一般系统思维专家非常短缺，所以公司开张的第一天就有一位顾客等在门口了。这位顾客饱经风霜，身材矮小，肤色黝黑，头顶光秃秃，却蓄着白色的山羊胡。他递上来的名片上写着：

> 最新技术秘术家俱乐部联盟
> OCCULT
> 秘教大法师
> E. S. O'Teric

顾客开始解释他的问题。

"你熟悉我们的组织吧？"

"这个……"

"没有关系。我们秘术家刚刚开放会员，开始招收新成员。几个世纪以来，我们都是一个封闭的团体，致力于找出宇宙的数字奥秘，造福人类。但是最近，所谓的'科学'开始吸引有秘术家潜质的年轻人，所以我们不得不将我们的方法现代化。现在，我们采用了计算机这样的最新技术，并采用了最新的方法来组织我们的俱乐部。"

"啊，是的，你们在《海湾卫报》上登过广告。"

"太好了。你读了《海湾卫报》。你一定是一个现代化的系统思维专家，正是解决我们的问题的人选。"

"但你的问题是？"

"你知道，我们的俱乐部出现了问题。问题出现的速度几乎赶上了俱乐部发展的速度。我们无法理解这是为什么，因为俱乐部是严格按照算术规则组织的。例如，每个俱乐部必须有100个会员，100可是个完美的平方数。通过会员之间的互动，各俱乐部都应该追求达到完美统一的状态。但实际上他们变成了零，完全没价值的东西。"

"我好像没听明白。"

"我给你画个模型。你看，每个俱乐部成员加入时，都被指定一个等级，用I（1）到X（10）这些罗马数字表示，这由他的星座、智商和鞋子尺寸综合决定。有些人天生就很完美，因此自动成为I级会员，也就是进入领袖等级，我们希望他们帮助其他人达到I级。但是，这些人的影响力似乎很弱，而且俱乐部会员逐渐开始追随那些什么也不知道的人，就是那些"零"或者X级的人。我们甚至采取了极端措施，开除那些X级的人，但他们的空虚哲学似乎会在现代青年中自发产生。如果不能阻止这些人，古老的秘术知识就要失传了……"

"为什么不坐下来喝杯咖啡，冷静地把事情说一说呢？不过，我不太肯定一般系统思维一定能帮上你的忙。"

"一定要帮上忙。我听说不管什么问题，一般系统学家都能解决。"

"不管什么问题，我们都可以探讨，但解决问题是另一回事。不过不要急。只要不满意，我们就全额退款。虽然我们这个行业是全新的，但也有自己的职业操守。好吧，谈谈你的俱乐部吧。"

"我们不明白这些零，或者我们所说的X等级的人是如何获得这种影响力的。俱乐部从来不开全体会议，只是两两一对，面对面地进行秘术讨论。我们希望通过纯粹的演讲术来避免背信弃义的虚无主义的蔓延。但纯洁的理由似乎无法阻止问题的产生。"

"'纯洁的理由'是什么意思？"

"像你这样有教养的人肯定知道，宇宙万物都遵循数字和算术规则。因此，在我们俱乐部中，会员们不使用姓名，而使用全国总部指定的一个阿拉伯数字。所以每个俱乐部都有从01到100的会员编号，每个会员都有自己的等级，从I到IX，还有零，但我们称为X，因为罗马数字里没有零。总部每周都会选择参加会议的会员，并发出一份名单。选择的原则，我现在不便透露。"

"如果你不告诉我所有的事情，我就没法帮你的忙。"

"在适当的时候，我会向你解释如何选择参加会议的会员。简单地说，出于各种考虑，我们每次的选择都是一对随机的会员号码。当然，你也知道，真正的随机数是不存在的。"

"当然。"

"好的。但对于不知情的人来说，这些号码看起来是随机的，以有序对的形式给出，例如（03，17）、（95，08）、（66，45）。有序对中第一个会员是身为秘术家的老师，另一个是身为新信徒的学生。会议结束时，根据秘教的原则，新信徒会提升到新的等级，得到新的罗马数字。"

"你的意思是他获得了老师的等级，也就是秘术家的等级？"

"不一定。你知道，这取决于乘法规则。例如，如果老师的等级是IX（9），学生的等级是VII（7），那么他的新等级就是III（3）。"

"我有点不明白。"

"算数！简单的算术！整个世界就是简单的算术！"

"是，是，当然是。不过你能不能再解释一遍，让我真正弄明白？"

"哦，非常抱歉。是现在的年轻人让我变得这样容易激动。我告诉你完整的规则。为了确定学生的新等级，要将老师和学生的等级相乘。如果乘积是两位数，就把第一位数字去掉。所以，$9 \times 7 = 63$，去掉6就是3。换句话说，9和7得到了3。

"我明白了。如果老师的等级是8，学生是4，$8 \times 4 = 32$，去掉3就得出新等级是2。对吗？"

"正确。"

"那么你希望我做什么？"

"我想让你用计算机对我们的俱乐部进行仿真，然后告诉我们你发现了什么。我们不能让黑暗军团战胜光明之神。"

就这样，在谈好费用并将O'Teric先生送上电梯之后，我们就开始仿真了。我们想起来，产生新等级的规则和阿什比（Ashby）在 *Introduction to Cybernetics*（《控制论导论》）[6]中的一道作业题完全一样，于是我们翻箱倒柜，找出当年的课堂笔记，这是在生活中第一次使用它。我们意识到，在计算机中，我们可以用一个"内存单元"来仿真每个俱乐部会员及其等级，它可以存放一个罗马数字。因此，整个俱乐部就需要100个内存单元来存放100个会员的等级。也就是$d=(d_1, \cdots, d_{100})$，其中d是等级号码。我们还需要一个阿拉伯数字对(i, j)，来选择老师（i）和学生（j）。这些数字可以存储在磁带或打孔卡上，或者由我们通过打字机给出，或者利用卫星从远处传来的无线电波转换而成。由于O'Teric先生不想透露生成这些数字的规则，我们就让程序通过下面的指令每次获取一对数字：

(1) 取下一个数字对(i, j)

我们可以尝试各种产生(i, j)的方法，将来我们可以要求大法师提供数字，来验证我们的仿真。

一旦确定了数字对，就选定了一对俱乐部会员，即会员i和会员j。将他们的等级d_i和d_j相乘，然后将乘积存放在临时内存单元t中。我们给计算机的指令是：

(2) $t = d_i \times d_j$

接下来，我们希望用t的末位数字作为新的等级，存储在原来d_j的位置。这一步可以写成：

(3) $d_j = t$的末位数字

完工了！整个程序可能写成这样：

(0) 无限重复(1)~(4)行

   (1) 取下一个数字对(i, j)

     (2) $t = d_i \times d_j$

   (3) $d_j = t$的末位数字

   (4) 显示$(d_1, \cdots, d_{100})$

图6-3展示了将1~4行执行两遍的情况。第一个（i，j）是（28，35），导致选择的会员等级是3和7。接下来，t得到的值是$3 \times 7 = 21$。t的最后一位是1，于是被存储到d_{35}的位置，因为j等于35。这导致d_{35}中的等级从7变成了1，整个系统的状态也因此发生了变化。

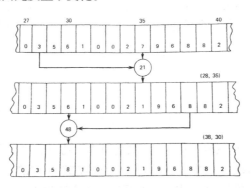

图6-3　OCCULT仿真的结构

与此相似，下一个输入对（38，30）导致d_{30}变成了8，你可以自己验证一下。按照这种方式，每次改变一个等级，系统就会离初始状态远一点儿。图6-4展示了20次变换之后的系统状态。如果你已经掌握了状态转换的方案，或者说"算法"，应该可以理解此图。

```
      I   J  |<---STATE--------------------------->|
              5955365408195661806513766175920539182950
     15.39                          ^                 ^
              5955365408195661806513766175920539182900
     15 20                          ^             ^
              5955365408195661806013766175920539182900
      6 11           ^           ^
              5955365408695661806013766175920539182900
     21.24                ^  ^
              5955365408695661806013766175920539182900
     35. 13                          ^  ^
              5955365408695661806013766175920539182900
     39  1   ^                                       ^
              0955365408695661806013766175920539182900
     35. 9                           ^     ^
              0955365408695661806013766175920539182900
     37 11              ^                 ^
              0955365408295661806013766175920539182900
     39 10   ^                                      ^
              0955365400295661806013766175920539182900
     37  5              ^              ^
              0955665400295661806013766175920539182900
     15 21                         ^            ^
              0955665400295661806063766175920539182900
      1 17  ^                   ^
              0955665400295661006063766175920539182900
     14 12             ^         ^
              0955665400245661006063766175920539182900
     24 34                ^                      ^
              0955665400245661006063766175920534×2900
     38 38                                    ^  ^
              0955665400245661006063766175920534182100
     35  5              ^                    ^
              0955665400245661006063766175920534182100
     37 21              ^                  ^
              0955665400245661006023766175920534182100
     35  6              ^            ^
              0955665400245661006023766175920534182100
      6 26           ^                         ^
              0955665400245661006023766675920534182100
      6 29           ^                            ^
              0955665400245661006023766675420534182100
```

图6-4　40个成员的OCCULT俱乐部仿真结果示例

实际上，为了方便表示，图6-4展示的不是我们最初的10^{100}个状态的系统，而是较简单的系统，包含10^{40}个状态。我们可以很容易理解这个系统，也很容易将学到的东西转换到10^{100}系统，因为我们知道计算机模型的内部结构。

两个模型并不完全一样，但足够相似，所以我们清楚地知道如何将一个模型的程序改成另外一个模型的程序。实际上，我们只要把第4行改成：

$$(4)\ 显示（d_1, \cdots, d_{40}）$$

更好的改法是：

$$(4)\ 显示（d_1, \cdots, d_n）$$

在程序开始时，对n赋值，确定我们要仿真多大的俱乐部。这样的变量n，相当于电气工程师在图6-2中尝试对电阻R和电容C取不同的值。我们将这种操作称为"改变参数"，这可以将一个系统的仿真转化成对另一个相似系统的仿真。模型的相似程度取决于程序如何使用该参数。

在图6-2的模拟计算机中，改变电阻参数不会改变模型的结构。在模拟计算机中，改变结构较难，不像改变电阻值这么简单，它必须改变元件之间的连线方式。在数字计算机中，改变结构就必须改变程序。但是，由于程序存储在计算机内存中，所以改变结构更容易完成，只要这种结构变更是我们期望的就行。

在我们的OCCULT系统中，俱乐部会员人数很容易改变，只要改变n的值即可。有一种可能的假设：数字100也许与俱乐部会员中虚无主义的传播有某种关系。我们将俱乐部会员数作为一个参数，就很容易地改变俱乐部的规模，从而研究它是否影响俱乐部的行为。也许我们只须向O'Teric先生建议，要战胜黑暗势力，只需将这个完美的平方数换成另外某个数字即可，然后我们就可以数钱了。遗憾的是，后来我们发现，事情没那么简单。

6.2 状态空间

> 物应各有其所，亦应各在其所。
>
> ——一条知名的格言

我们一开始着手有10^{100}个状态的系统，就感觉到需要新的隐喻，或对老的隐喻进行修改。音乐盒有20或24个状态，所以我们很容易表示它的行为，只需写下字母，然后画上箭头来表示状态之间的转移。这些状态在纸上的位置并不重要。但对于有10^{100}个状态的系统而言，我们就必须守点儿规矩。首先，我们不可能写出足够小的字以至于能在一张纸上放下10^{100}个状态。就算我们能写下来，也不可能看到我们想找的东西。我们需要一种系统化的方法，让每个状态只占一点儿空间。

如果系统的状态由两个属性构成，例如（灯光,音调）或者（亮格度,米穆斯），我们可将它们放在表格中，如图6-5所示。表格中的每个方格表示且仅表示一种状态。方格之间的连线表示状态的变化。如果每个属性都有多个值，我们可以将方格缩小成点，以便在一页纸上容纳尽可能多的状态。

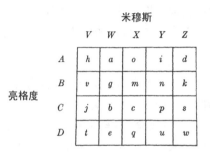

米穆斯

	V	W	X	Y	Z
A	h	a	o	i	d
B	v	g	m	n	k
C	j	b	c	p	s
D	t	e	q	u	w

亮格度

图6-5　放在二维表中的状态

这个表格与笛卡儿积关系密切。笛卡儿积也称为乘积集合或"乘积空间"，也许是为了明确与物理空间的类比。正是笛卡儿提供了这个明确的表达方式，无论从集合的形式（笛卡儿积），还是从空间的形式（笛卡儿坐标）中，我们都能发现他的名字。这种方法对应笛卡儿的名著*Discours de la Méthode*（《谈谈方法》）中的第二准则："将所有问题分解成尽可能多的独立简单要素。"我们看到了如何通过分割从系统中分解出"属性"。乘积空间则展示了如何用系统化的方法将它们复原在一起。

如果每次分解都是真正的分割，那么乘积空间肯定包括了原来所有的可能性。在这种情况下，物应各有其所，亦应各在其所。其所在由笛卡儿积的一个元素决定，例如（B, X），在这里我们找到状态m，或者（D, Z），在这里我们找到状态w。

笛卡儿教会我们如何在平面上通过一对唯一的数字确定一个点。实际上，之所以说"二维"正是因为它能用一对数字来描述。当然，用一对数字来标注一个点有无数种不同的方式。要找到纽约的某个街角，可以通过两条交叉的街道（44街与第一大道），或通过街角建筑所在的街道和门牌号（第一大道787号），或者通过从某个固定点开始的方向和距离（帝国大厦东北方向两英里）。每种方法都可行，但对于具体的目的，有些方法更方便。如果我们忘记了物理空间上的格子是任意画出的，在穿过赤道时就会大吃一惊，因为没有发现巨大的红色带状地带。

我们可能发现，在两变量系统的状态和物理平面的点之间建立对应关系会方便一些，但我们不能忘记，这种指定也是任意的。例如，如果属性的粒度足够小，某种方案就可能在平面上形成一个不间断或"连续"的行为线。这种连续性的表象，可能完全取决于我们对属性值指定数字的方式。当然，差异法则可能适用。我们可能希望找到这种指定方式，因为这可以减轻我们记忆和描述行为时的精神负担。确实，为了更好地追踪系统的行为，系统思维学者的很大一部分工作就是为属性指定数字，这是能展现在平面上的简洁数字。

如果我们成功地找到一个视角，使得系统行为看起来是连续的，就可以认为从一个状态指向另一个状态的箭头非常非常小。在这种情况下，我们就可以有两个状态"接近"的概念，这样平面上的区域就可以代表状态的集合，或彼此相联系的区间。数学的分支之一拓扑学[7]，就是研究如何转换视角，并保持"接近"之类的属性不变。但数学的复杂无法隐藏一个事实，即最初的"接近"是由观察者来确定的。

我们每天都会遇到系统状态的二维表示，甚至已经熟视无睹了。（图1-8、图1-9和图2-2就是这样的例子。）有时候，这种表示采取较为静态的形式，区域不是代表一个系统的状态集合，而是类似系统的同一种状态的集合。换言之，平面上的点不是表示一个系统在不同时间的状态（所谓的"历时视角"），而是不同系统在同一时间的状态（"共时视角"）。这种方法对两种视角都很适用，对应于常见的科学方法，即将一个系统的连续观察替换为对类似系统的多次单独观察，反之亦然。

例如，图6-6源于美国国家科学基金会生态分析项目的报告。图中将世界上所有地区描绘成两个变量的系统，这两个变量就是：

（年平均温度，年平均降水量）

因此，任何地区都可以作为一个状态或一个点画在图中，因为这些变量在每个地方都有一个值。阴影地区代表观察到的动植物聚居地（或生态群落），即3种类型的森林、草地、冻原和沙漠。我们一眼便可以从图中看出，沙漠炎热而干旱（这一点我们已经知道），冻原寒冷而干旱（这一点我们未必知道）。

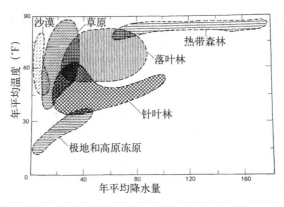

图6-6 用两个变量将6个生态群落描绘在二维状态空间中（美国国家科学基金会）

这种表示方法的价值不在于图上有什么，而在于图上没有什么。虽然万物应各有其所，但有些所在可能空无一物。也就是说，某些属性组合没有观察到。状态空间中的这些空洞提示我们：

(1) 我们的观察并不完全，还有尚未观察到的其他状态；
(2) 我们对属性的分类过于宽泛。

第一种情况的经典案例就是门捷列夫的元素周期表：那些空洞导致了未知元素的发现。图6-6或许属于第二种情况，因为我们看到右下角完全是空白的。该图应该表示地球上所有实际存在的地区，但我们发现图中没有寒冷而潮湿的地方，尽管在我们的印象中宾厄姆顿和纽约就是这样的地方。这种空白分类表明我们应该去寻找没有发现这种组合的原因，或者应该寻找不同的属性分解方法，即一种能一致地将图填满的方法。

只要用这种有序的方式将系统的状态列出来，就有可能找出其他表达方式中我们没有注意的信息。虽然二维图是最易于使用的，但是我们也可以使用具有3种属性的三维模型。在三维模型中，状态集可以表示为体积，而不是面积，但行为还是用空间中移动的线条来表示。

我们的思维结构使视觉感受只限于三维，因而我们难以看到"四维立方"，或其他类似的东西。不是数学家的普通人听到谈论n维空间时，常常心生敬畏，并认为数学家具有超级思维能力。实际上，数学家的特殊性只是在于他们具有的外推能力。他们并不能"看到"n维空间，只是继续应用同样的数学运算，而不考虑涉及多少维数。二维空间的一个点由两个数字指定，三维空间的一个点由3个数字指定。因此，通过外推，七维空间的一个"点"由7个数字指定。一个一维的对象（一个线段）将一个二维对象（一个平面）

分割成两个部分。一个二维对象（一个平面）将一个三维对象（一个固体）分割成两个部分。因此，通过外推，一个六维对象将一个七维对象分割成两个部分。所以，我们不需要先"想象"出七维对象，以便谈论或操作它。

如果 n 维空间中的一个点代表了某个系统的一个状态，该空间就称为"状态空间"。我们在状态空间中进行想象的操作，对应于在二维或三维物理空间中的某些操作。例如，使用显微镜对三维物体进行切割会得到二维的切片。n 维空间中的类似动作有很多名字（"切割""投影""降维"），每一种都对应物理上的某种实际操作。有这类动作产生的空间相应地称为"部分""投影"或"子空间"。

降维可能是仪器的要求（光学显微镜只能用于半透明的材料），或作为降低复杂性的一种方法，因为我们的大脑能力有限。例如，对于一架飞机的行为，我们通常把它的三维飞行路线投影到二维的地图上。不是：

$$路径 = f（经度，纬度，高度）$$

而是：

$$路径 = g（经度，纬度）$$

投影后的路径可以看成太阳在正上方时飞机影子的路径，所以我们使用"投影"这个术语来描述。很自然，许多不同的飞行路径会形成相同的影子（或投影），因为飞行的某些信息（即高度）在这种表示中被丢弃了。

进行不同的投影，让光线从侧面或正前方射来，就会丢失不同的信息。但丢失信息并不意味着这种表示方法没用。侧面投影显示了飞机的高度，对飞行计划中的油耗计算非常有用，因为飞机的油耗主要取决于高度。这样，目前没兴趣的变量就会被投影去掉，从而减少观察者的计算量。

当然，如果投影造成了信息丢失，观察者在还原时就可能犯错误。在看到三维图像投影后的二维图像时，如著名的尼克立方体（图6-7），我们会补充对象所在世界的额外信息，还原丢失的信息。尼克立方体让人困惑，因为两种解释都很好（那个点在前面的中间，还是在后面），我们无法选择。如果我们长时间盯着看，图像还会自动颠倒。

但是，如果尼克立方体实际上是空间中一些线的投影，上述两种解释就不是全部合理的解释了，因为可能有无数种线都会形成这样的投影。这种无穷多的可能就是投影时真实的多义性，幻相就是不怀疑那是幻相。

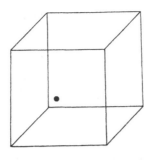

图6-7　尼克立方体，三维图投影到二维

图6-8展示了我们如何愚弄自己。关于这幅画，汉斯·伊莱亚斯（Hans Elias）[8]写道：

> 从学生时代开始，我们就习惯于将染色切片的放大图像等同于真实世界。在一次科学会议上……我引发了一次关于剖面的空间解释的谈话，并用到了一张幻灯片，我说："女士们，先生们，我给你们30秒的时间识别屏幕上的结构。提示一下，这是一个剖面。"回答的人众口一词："这是纤维。"实际上，这是一大盘绕在一起的意大利宽面条的剖面照片。

图6-8　想想这是什么

伊莱亚斯将这种回答归因于科学训练，这是完全正确的：

> 经常看到"剖面"的人很快就把剖面等同于实际的物体，即使是投影在屏幕上。我们不说"这是一个染色切片的投影图片，展示了腺体管道的斜剖面"，而是习惯说"这是腺体管道"。

如果继续用显微镜的比喻，那么我们要确保比喻来自显微镜的正确使用。从伊莱亚斯这样的立体测量学家身上，我们可以学到很多。至少，我们可以学到说话时要小心，而这必然导致我们在思考子空间时也会变得小心。意大利宽面条、尼克立方体和年老的青年妇女，都给了我们同样的启示，我们可以将其总结为图像法则：

在谈到降维时，无论你要说什么，请加上"的图像"几个字。

例如，如果说：

> 图6-7是立方体的图像。

可能就会比说：

> 图6-7是立方体。

少惹麻烦。至少我们这样说时会提醒自己，有些信息丢弃了，我们可能希望恢复它们。

要恢复因投影而丢失的信息，我们就必须从其他渠道获得系统的信息，也就是关于消失的维度的信息。这种反向操作可以称为扩展，也是状态空间视角之所以有价值的一个重要原因。我们不常恢复丢失的信息，而是加入我们不曾拥有的信息。如果我们一直在研究一个系统，并发现我们的观点并不完整，也不用将已经完成的工作完全抛弃。我们只要为每一个新发现的变量增加一个维度即可。这样我们过去的工作就得以保留，因为过去的状态空间成为新状态空间的一个投影，所以我们以前的观察仍然是有意义的解释。

例如，我们可能发现，温度对于描述系统的行为非常重要。也许我们在恒温下做了无数次实验之后才发现这一点，所以起初没有意识到温度的重要性。从这些实验中得到的系统描述现在变成了系统的某种投影，该投影将温度保持不变，从而消除了温度变量。

如果没有控制温度，我们可能会发现，在没有意识到温度变化时，这种投影给出了不同的行为。具体来说，我们可能发现系统的行为线自己会交叉（如果我们相信系统是状态确定的），这意味着我们的视角有问题。因为交叉表示同一个点发出两条路径，同一个状态有两个后续状态，所以交叉的行为线不能表示一个状态确定的系统。

另一方面，在投影中出现交叉也不表示该系统不是状态确定的。一架盘旋降落的飞机可能不会回到具有同样（经度，纬度，高度）的点上，但其影子（经度，纬度）却可能交叉许多次。这导致了关于状态空间中行为的一条经验法则，即历时法则：

如果行为线自交叉，则要么：

(1) 系统不是由状态确定的

要么：

(2) 你看到的是一个投影，那一个不完整的视图。

我们可能不知道去哪儿找，就像居住在二维空间的居民不知道去哪儿找来自三维空间的访客的家[9]。但是，我们至少知道应该寻找，这已经成功了一大半。

如果我们用状态空间来描述共时表示，就得到了某一时刻状态空间中点的静态分布。这些点之间没有"运动"，没有行为线来指导我们。但通过与物理空间进行类比，我们可以获得启发。在物理空间中，"两个物体不能在同一时刻出现在同一位置"。在抽象的状态空间中，不需要使用这种共时（在同一时刻）规则，但如果我们对正在研究的系统有完整的视图，就可以使用这个规则。

我们可以把这种启发方法归纳为共时法则：

如果在同一时刻有两个系统处于状态空间的同一位置，那么就说明该空间的维度过低，也就是说，视图是不完整的。

对于完整的视图，每个系统必须具有唯一的位置，这也是"完整"和"系统"的最终含义。

在图6-6中，我们注意到某些区域被一种以上的生态群落占据。例如，在（60,30）这一点，就有针叶树森林、落叶树森林和草地。显然，这两种属性（平均温度和平均降水量）不足以区分所有的生物群落。与其说：

$$B = f(T, P)$$

其中：

$$B = 生物群落类型$$
$$T = 年平均温度$$
$$P = 年平均降水量$$

不如说：

$$B = g(T, P, \cdots)$$

这样，$f(T, p)$ 就只是 $g(T, P, \cdots)$ 的一个投影了。还会涉及哪些因素？状态空间只能告诉我们，缺失的因素可能是冬季最低温度、平均日照时长、平均风速、有无人类活动，可能是其中一种，也可能是全部。画出这样的投影只是漫长而不确定的过程中的第一步。

OCCULT系统有 10^{100} 种状态，状态空间法能不能帮助我们解决它的行为问题呢？由于OCCULT俱乐部已经划分成100个成员，我们就可以使用100维的状态空间，但这对我们可能没有什么帮助。有没有办法降低维度呢？

我们的第一个想法是试试投影。投影就意味着挑出几个成员进行特别关注，在图6-3中，我们就是这样做的。但是如果我们只选出两三个成员，那么大多数时候他们都不会改变等级，而一旦发生改变，这种变化就会显得神秘而突然。

但投影不是降低系统维度的唯一技巧。回想一下，最初我们寻找一些"属性"，以将复杂系统的单个行为线进行分解，这些属性后来变成了状态空间中的维度。我们可以将上述过程反过来，将许多属性合并成少量属性，每个属性中保留一小部分，而不是像投影那样完全丢弃某些属性。这样的过程称为视角变换。虽然所有的投影都是变换，但不是所有的变换都是投影。当然，这些变换都是一些隐喻，在用状态空间的方法来观察世界时适用。

举个例子，如果将OCCULT俱乐部划分为两个50人的小组，就可以将系统降为二维。然后我们将每个组归约为一个数字，就是所有等级之和。因为我们是在计算机上模拟这个系统，所以可以轻松地用下面的程序来实现：

(4) $y = (d_1, \cdots, d_{50})$ 之和

(5) $x = (d_{51}, \cdots, d_{100})$ 之和

(6) 在图上画出点 (x, y)。

然后我们就可以看到二维状态空间中的轨迹，如图6-9所示。尽管没有画出箭头，但轨迹运动的一般运动是向着虚无主义（0，0）进行的。如果我们看着计算机一点接一点地画图，就能看出来。从这个视角来看，OCCULT俱乐部的确是要走向虚无，然后就停止不变了，正如O'Teric先生告诉我们的那样。我们因此受到了鼓舞，我们的仿真得到了部分证实，因为它似乎捕捉到了它要解释的系统的行为。

尽管这种变换方法丢弃了许多信息，或者说，正因为这种变换丢弃了许多信息，我们才了解了系统行为的某些特点，用其他视角可能不会有如此明显的效果。就算我们对系统进行了仿真，也因此知道了它的"一切"，但如果没有大法师的预先提醒，我们可能意识不到系统将不可避免地走向原点（0,0）。

"白盒"分析说明了什么？图6-9让我们注意到状态（0，0），这里两组50位数字之和都是0。怎么会这样？只有所有数字全部为0，和才会是0。这个虚无状态是如何达到的？为何它不再变化？由于这个盒子相当白，所以我们可以仔细检查其结构，了解这种静止状态的根源。我们发现，如果j的等级是X（也就是0），那么它的新等级总会是X。如果某个成员变成了X，就没人能将他转变为其他等级。这就解释了为什么（0，0）状态不会再改变。

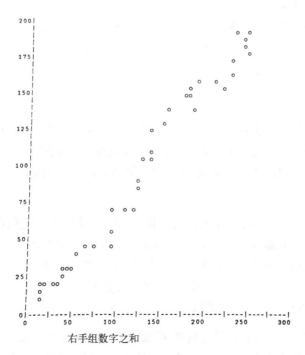

图6-9　OCCULT系统在"左手组–右手组"状态空间中的轨迹

为什么状态起初会向着（0,0）移动？如果选择的（i,j）对中，i的等级是X（$d_i=0$），那么t就是0，d_j将被置为0，无论它的前值是什么。结果，就算只有一个虚无主义者，只要他被选为（i,j）对中的老师，就会得到两个虚无主义者。之后，虚无主义者被选为老师的可能性就增大一倍，就会产生第三个X。实际上，我们甚至一个虚无主义者也不需要，就能启动这个过程，因为$5 \times 2 = 10$、$5 \times 4 = 20$、$5 \times 6 = 30$、$5 \times 8 = 40$，都会产生0，即5与任何一个偶数都会产生0。因此，虚无主义者总会出现，并像瘟疫一样传遍整个俱乐部。这就解释了为什么开除虚无主义者也无法挽救OCCULT俱乐部。

在我们开始建立白盒时，你注意到这个特性了吗？也许你注意到了，但许多人并没有。我们搭建了一个白盒，但这并不意味着我们能够看到所有的结果。一旦某个属性"浮现"，我们就很容易通过白盒发现它的"根源"，但如果没有通过这种转换的视角进行行为观察，我们也许根本就看不到这个属性。

6.3 时间作为行为的基准

> 指动成字，字成动指；
> 无论你多虔诚、多机智，
> 都不能引诱它回来勾销半行，
> 你流干眼泪也洗不掉一个字。
>
> ——《鲁拜集》

状态空间表示法有一个缺点，即对高于二维和三维的空间，我们的大脑缺乏视觉想象力。更糟糕的是，二维或三维空间作为沟通媒介存在缺陷。虽然我们能在自己的头脑中解决n维问题，但如何在三维空间中与别人交流这些问题呢？

投影和其他变换能够帮助我们克服这些限制，但是我们之前用过的所有形式的状态空间都存在一点儿不足。正如我们在图6-9中看到的，我们不知道系统沿着特定轨迹移动得有多快。它用了50步就到达（0,0）？还是5000步？在航空地图上，我们能区分每小时飞行600英里的747喷气客机和每小时飞行100英里的Piper Cub轻型飞机吗？

矛盾的是，一个解决维度过多问题的办法就是再引入一维，即时间维。在所有可能的维度中，时间有一个特别的属性，即它总是朝一个方向移动。

换句话说，时光不能倒流。例如，如果你注意到鸡蛋胖胖的音乐盒上有一个小时钟，那么状态描述就可以扩展为：

$$S = (L, W, t)$$

由于 t 绝对不会取两个相同的值，所以不论你是否虔诚或机智，都可以完全消除循环或者任何形式的交叉。循环不再是相同状态的重复，而是在不同时间经历相似的状态。而且，测量时间让我们能区分以不同速率进行的相似循环。

吉姆·格林伍德（Jim Greenwood）向我指出，时间的这种单向性概念之所以被物理学家和其他人采用，正是由于它可以拆开的特点。其他文化，如北美印第安人的文化，常常采用更为循环的时间观念。在我们的文化中，这也不陌生。

正如雪莱所说的："时间是我们对头脑中一系列想法的感知。"[11]不仅如此，我们的时间概念也决定了我们的思维模式，而不同的情况下使用不同的时间概念，这是改变我们视角的强大工具。物理学家将时间看成单向和独立的，这可以换成"频域"的视角，即所有的现象都隐藏在组合的循环中，这与美洲印第安人的观点相差不大。[12]通过适当的练习，一个电气工程师就可以神奇地掌握各种频域方程和图表，并着迷于这种有个性的思维方式，就像英国老妈妈沉迷于每周的惯例一样。

将我们的视角扩展到时间，这带来了一个简单的技巧，可以在二维的纸张或黑板上表示多维系统。在图6-9中，系统的状态由两个变量指定：

$$x = 右边一半位数之和$$

$$y = 左边一半位数之和$$

因此，我们能够写成：

$$S = f(x, y, \cdots)$$

现在，假设我们加入一个时间维，就得到

$$S = f(x, y, t, \cdots)$$

我们利用投影先后将x、y消去，就得到两个子空间

$$Q = g(y, t, \cdots)$$

$$R = h(x, t, \cdots)$$

由于t在每个子空间中都出现，我们就可以按照时间对齐，将两个子空间并列，得到图6-10。现在，行为的方向性就清楚了，行为的速率也清楚了。我们甚至能看到单独的x和y值暂时还可能增加。但更重要的是，这些时序图可以同时表示两个以上的变量。

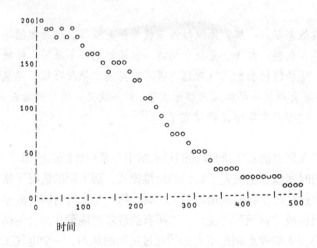

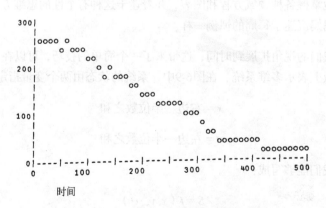

图6-10　图6-8中行为的时序图

时序图有多种形式，因为要将多变量行为简化成容易处理的表现形式时，它们是最有效的。图3-2给出了3个时序图。脑电图（EEG）就是活的动物的大脑在特定点的电位的时序图。和任何一张单独的EGG相比，脑部不同点的一组EGG能带给我们更为完整的信息，而不必求助于n维表示方式。商业指标通常也采用时序图的形式（股票市场指数、零售库存水平、批发价格指数以及国内生产总值等），经济学家通过这些指标获得整个经济系统更全面的图景。通过销售、库存、生产和成本的时序图，我们就能追踪某项业务的进展。为了理解复杂的天气，我们画出风速、温度、降雨量、大气压、潮汐以及冰川前进等随时间变化的行为。还用多说吗？任何人都能够无休止地扩展这个清单。

时序图是一种通用的工具。矛盾的是，掌握一种强大工具的方法就是挖掘其弱点。因此，我们提出数到三法则：

如果想不出三种滥用某种工具的方法，你就不懂如何使用它。

坚守这个法则就能保护我们，使我们免受各种乐观主义者、夸张主义者和其他完美主义者的狂热伤害，但主要还是免受来自自己的伤害。那么，时序图都有哪些滥用的情况？

请看图6-11中的两个时序图。上面的图就是电气工程师所谓的"阶跃函数"，之所以叫这个名称原因很明显。下面的图是一条缓慢上升的曲线，没有什么特殊的地方。现在我们再看看图6-12，两个图都加上了原来的标注。现在哪一个是"阶跃函数"？

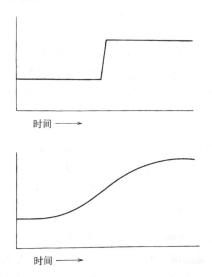

图6-11　"阶跃函数"与"缓慢上升函数"

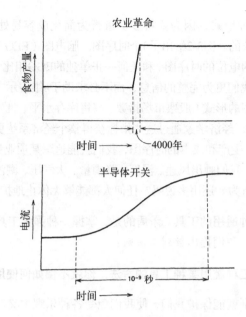

图6-12　缓慢上升函数与阶跃函数

不知道时间尺度就谈论阶跃函数和缓慢上升曲线就是技术上的胡说八道。时间尺度也没有绝对的意义，只有与其他时间尺度相比才有意义。4000年与人类的进化相比，可以看作一个阶跃函数。而对于高速计算机电路来说，10^{-9}秒可能是一个缓慢上升函数。回忆起来有些好笑，1957年，我们的计算机上安装了一个"零存取时间"的存储器，"零存取时间"意味着96/1 000 000秒。1967年，我们有了"低速"存储器，存取时间是8/1 000 000秒。所以，十年之后，比"零"快12倍的是"低速"。因此，如果比较两个变量的行为，时间尺度最好一样。在图6-10中，x和y的尺度不同，这可能导致错误的解释。但是，情况还不是非常严重，因为我们不知道两者的"真实的"度量值，也不知道它们是否应该在数量级上差不多。然而，时间被认为是一种普遍的标准。

尽管我们能够体验"时间的感觉"，但这对大多数科学工作来说都不可靠。因此我们求助于标准（如时钟），为其他序列的比较提供可靠而公正的尺度。缺少时钟对早期物理学的阻碍很大，对此我们难以体会，因为今天人人都拥有精密的瑞士钟表。伽利略肯定愿意拿他的左臂换一个时钟。

在研究历史记录的科学中（天文学、气象学、生态学、考古学以及地质学、古生物学等），获得可靠的"时钟"是个问题，就像当初伽利略一样。有一段时间，放射性碳标定年代成为众多年代测定问题的救星，但随着经验的增加，我们逐渐了解到放射性碳远不是我们梦想的统一时钟。[13]随着碳14模式中的变数越来越明显，整个理论都被扔到科学的垃圾堆里去了。对忽略不同时间尺度的问题和数到三原则的人来说，这是一个教训。

即使时间尺度相同，时序图也可能以更微妙的方式误导我们。玫瑰都是带刺的。正是时间隐喻的美丽，隐藏了它最危险的陷阱。时间用标准尺度将变量分开，让我们能处理拥有许多变量的系统。这样一来，可能毫无道理地导致我们产生一种感觉，认为这些变量是独立的。既然看起来是分离的，我们就容易把它们想象成独立的。

正如我们所看到的，发现独立的变量能够节省思考。如果存在依赖关系，我们就可以研究较少的变量，并做出具有同样精确度的预测。确实，从一个动物的脑部可以提取几千张不同的EEG。为了进行可行的分析，我们应该只留下少数EEG，因为如果有必要，可以推知其他的EEG。但是，由于时序图简化了我们的视图，所以我们可能没有注意到依赖关系，本来这些依赖关系能让我们的视图简化得多。

像往常一样，对系统属性的选择是一种折衷，即权衡独立的便利性和完整的必要性。以OCCULT系统为例，我们的第一个视图显然是完整的（我们对它的定义就是这样），但很难从中提取出任何行为模式。分成两部分并相加之后（图6-9和图6-10），系统的复杂性降低了，这让我们看到了某种行为趋势。在这种变换中，我们是否丢掉了太多东西？归根结底，这取决于我们想知道什么。

我们还可以选择无数的其他视图。假设我们决定选择一组10个变量，每个变量代表俱乐部中具有特定等级的会员人数。例如，在图6-4的初始状态中，有4个0、5个1、2个2、3个3、1个4、9个5、6个6、2个7、3个8和5个9。（参见符号练习6.1。）这个状态因此可以表示为：

$$(4, 5, 2, 3, 1, 9, 6, 2, 3, 5)$$

从这个视角，一种完全不同的系统行为图景出现了，我们可以用10个时序图来表示，如图6-13所示[14]。

这10个变量没有构成一个独立的集合，因为我们发现，如果确定了其中的9个，第10个总是唯一确定的。如果我们没有进行仿真，而是从更高的层次上进行观察，也可能通过归纳发现变量的非独立性。我们可能注意到，当一个变量上升时，其他变量会下降。通过许多工作，我们或许可以将这个定律写成更精确的形式，即守恒定律的形式：

该系统的变量之和是一个常量（100）。

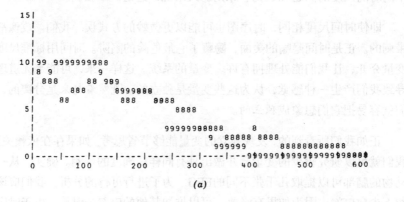

(a)

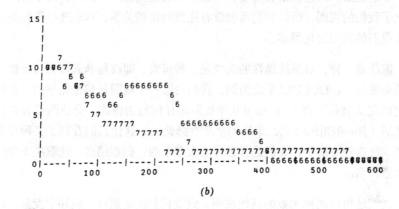

(b)

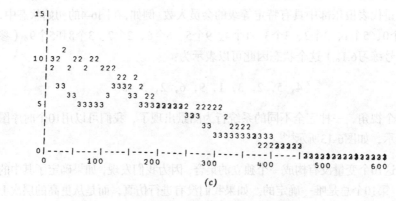

(c)

图6-13　CCULT俱乐部会员的时序图

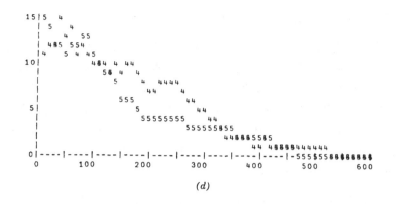

(d)

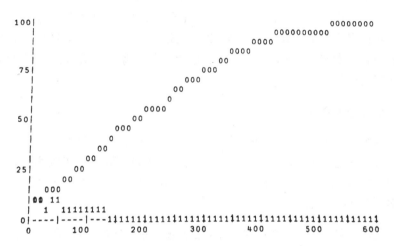

图6-13 CCULT俱乐部会员的时序图（续）

如果我们像科学家和发明家那样喜欢为事物命名，可能会说变量所度量的是"点员"。于是上面的定律可以表示成更优雅的形式，即"简单动力学第一定律"：

点元既不会创生，也不会消失。

不要被这个"简单动力学第一定律"的高雅形式所欺骗。这不是一般系统定律，而是"特定系统定律"，描述了我们的白盒从这个特定的视角上看是怎样的。像以前一样，我们可以了解这个定律的所有秘密，只要我们回到白盒的层面，花点时间想一想，就可以"解释"所有的事情。在这里，实验者所谓的"点元"无非就是系统状态中数字的个数，也就是俱乐部会员的总数。实验者的发现就是，尽管计算机内存中存储会员等级的单元会改变其值，但总是有100个存储单元。从白盒的视角看，这个定律实在是极其无聊，但从黑盒的视角看，这是一个真正的发现。

实验者之所以能发现这条定律，要归因于所采取的视角。在图6-10的视角中，这个定律是不存在的，而且几乎不可能得出这样的结论。其他的视角可能会给出其他的启发，得到其他的特定系统定律。例如，假设我们不是对所有的等级分别计数，而是将偶数等级一起计数，奇数等级一起计数。（参见符号练习6.2。）前一视角中的某些状态，例如（7，15，8，12，10，8，2，19，9，10），就会变成新系统中的状态（36，64），因为7 + 8 + 10 + 2 + 9 = 36，而15 + 12 + 8 + 19 + 10 = 64。

采取这个视角，实验者看到第一个数字不会减少，如此一来想不发现新的定律都很难。对我们来说，这个事实是乘法定理的简单推论（因为如果两个会员的等级都是偶数，新的等级肯定也是偶数），这对于实验者来说又是一种真正的发现。他可能将第一个变量命名为"偶元"，并提出"简单动力学第二定律"：

偶元绝不会减少。

这个"定律"对采用10维状态空间的观察者来说也是存在的，但可能不会这么容易发现。观察者先要发现哪些状态变量代表"偶元"。当他最终发现1、3、5、7和9应该加在一起的时候，会大叫"我发现了"，然后发表论文，一举成名，并获得诺贝尔奖。

可以将科学看成一个过程，即探索从哪些角度看事物能够产生不变的定律。因此科学定律就是描述世界看起来如何（我发现了），或是规定如何来看世界（如何发现）。我们确实无法区分这两者。

6.4　开放系统中的行为

> 热力学第二定律意味着拘禁而死……生命时时受到这个死刑宣判的威胁。避免这种命运的唯一方法就是防止拘禁……拘禁意味着存在完美的高墙，这是构筑理想的封闭环境所必需的。但对于高墙存在的问题，有一些非常重要的质疑。我们真的知道某种方法能构筑防止射线穿过的高墙吗？理论上这是不可能的，但在实践中，在物理和化学实验室里可以轻易地做到。
>
> ——L. 布里渊（L. Brillouin）[15]

为什么物理和化学实验室要构筑理想的封闭环境呢？目的是为研究创建状态确定的系统。为什么他们喜欢研究状态确定的系统？因为状态确定的系统的行为简单。系统发生的所有事情都可以用不相交的行为线来表示。

当然，观察者会引入差异。他可能在不同的时间观察，结果看到了系统的不同行为，所以他看到的是行为线的不同部分。虽然太阳每天照样升起，但如果我们中午才起床，就不可能见到曙光。另一个观察者可能看到不同的行为，因为他对系统进行了不同的界定，或者区分了不同的特性，或者采用了不同的时间尺度。就算同一个观察者，在不同的时间也可能"不同"，因为他完全可以改变揉合方式、分割方式或时间尺度。

但是，如果观察者考虑到所有这些问题，并且成功地将系统孤立在完美的高墙之内，行为线仍然可能缠绕，这时他会说他看到了"随机性"。然而，观察者无法找到可靠的方法来区分随机性和隐藏着的开放性，也就是"漏风的墙"。也许高能宇宙射线以不规则的间隔偶尔射了进来，也许小精灵半夜溜了进来摆弄了他的仪器。

状态确定的系统可以总结为以下关系：

$$S_{t+1} = F\left(S_t\right)$$

根据眼–脑定律，也许S_t定义为涵盖了过去的行为。"随机"系统可以总结为：

$$S_{t+1} = F\left(S_t, \cdots\right)$$

其中"另外某些东西"是观察者不知道的。我们也可以说：

$$S_{t+1} = F\left(S_t, R_t\right)$$

用R来表示随机的"另外某些东西"。但这正是我们用来描述开放系统的形式：

$$S_{t+1} = F\left(S_t, I_t\right)$$

其中I表示"输入"，即来自系统"外部"的某些东西。根据无差异法则，我们知道称之为I或R无关紧要，所以我们暂时应该假定R"来自外部"。不过，根据差异法则，我们知道这样的用词会让有些人不高兴，但他们还是得闭嘴。

从这个视角来看，所有封闭系统都是状态确定的。在确定的有限状态系统中，每一条行为线最后都是一个或多个状态的循环。为什么？因为如果系统的状态数有限，最终总有一个状态（假设是S_x）会第二次到达。它之后将是S_{x+1}，我们根据

$$S_{x+1} = F(S_x)$$

可知，这和上一次S_x之后的状态相同。类似地，S_{x+2}、S_{x+3}等也必然相同，从而构成循环。

循环正是状态确定的系统行为的特征。如果看到系统构成循环，我们就猜想它目前可能没有受到外部因素的影响。当然，它可能受到了循环的外部因素的影响，也可能是外部因素太小，无法打破这个循环。每当我们"躺在床上，毫无睡意，头痛欲裂，睡眠由于焦虑成了禁忌"的时候，就会出现重复的梦想或想法。这表明没有足够的外部输入让我们走出循环。我们甚至难以自觉地打破循环，因为打破循环所需的思想并不包含在循环中。只有汽车紧急刹车的刺耳声音或猫撞倒垃圾箱的声音才能构成足够强大的输入，让我们彻底醒过来，从状态确定的惨境中解放出来。

因此，封闭系统的假想是一种有用的启发式工具。如果看到了非循环的行为，我们就会寻找输入。另一方面，如果断定系统是封闭的，但有"随机性"，我们就会说寻找其他输入是没有用的。许多科学家不愿意承认系统是开放的，所以有时候就谈论随机性来节省力气或者挽回面子。那样我们就不必承认自己的观点是不完整的，也不必解释我们为什么不去寻找输入。

如果状态确定的系统被分成"系统"和"环境"两部分，那么一般来说，"系统"部分就不再是状态确定的了。例如，当你首次见到第一个音乐盒时，你认为它的状态是：

$$S = (R, G, W)$$

只要你不去踢它，这就是正确的。这种观点似乎足够完整，因为系统是状态确定的，你看到了循环。

矛盾的是，我们寻找状态确定性的热情就像骑士追求矜持的女子那样，可是一旦我们得尝所愿，就会像骑士一样立刻失去兴趣。状态确定太"完美"了以至于很无趣，于是你踢了音乐盒一脚，将它的状态描述转变成：

$$U = (R, G, W, 踢)$$

根据无差异法则，你既可以看到这个新状态，也可以保留老状态，系统表示为：

$$S = (R, G, W)$$

$$S_{t+1} = F(S_t, 踢_t)$$

在没有敲打的时候，"踢"的值是0，或是某个无害的符号。按照这种观点，踢被看成一种选择功能，能确定接下来的状态，进而确定接下来的循环。

因为我们喜爱简单，所以倾向于认为系统具有单一的行为线，我们简单地称为"系统的行为"。然而开放系统并没有单一的行为线，而是具有一组由输入来决定的行为。因此，我们对开放系统不那么肯定。

谈到开放系统，我们不得不放弃谈论系统的单一行为线，但是我们仍然希望用"行为"来表示全部的行为线。例如，如果父亲阻止约翰在起居室的墙上涂鸦时说，"小男子汉，我不喜欢你的行为"，他用的是"行为"这个词最基本的、具体的意思。如果老师给约翰的行为打分为F，她说的就是整体行为，至少是约翰在学校提供的输入下所表现出来的那部分行为。

在封闭系统中，定理的一般形式是：

> 如果系统是封闭的，那么行为是……

在开放系统中，定理的一般形式是：

> 如果输入是如此这般，那么行为是……

我们以某种方式，将行为集合与输入集合对应起来，于是开放系统定律可以总结为：

> 如果输入是以下之一……那么行为是……

或者：

> 如果输入是以下之一……那么行为所在的集合是……

例如，如果想从自动售货机中买一个25美分的糖果棒，我可以投入一个25美分的硬币，或两个10美分和一个5美分的硬币，或一个10美分和3个5美分的硬币，或5个5美分的硬币。上述任何一种输入都会得到相同的输出，即一个糖果棒。自动售货机"内部"存在某种机制，我们可以利用条件运算在计算机上模拟，例如：

(1) T = 上次售出糖果棒之后投入的硬币总额；

(2) 如果T = 0.25美元，给出一个糖果棒，否则等待投入更多硬币。

行为更复杂的自动售货机需要更复杂的程序来决定每种输入的对应动作。例如：

(1) T = 上次售出糖果棒之后投入的硬币总额；

(2) 如果T大于0.25美元，那么找零，并使T等于0.25美元；

(3) 如果没有足够的零钱，那么：

       退还投入的硬币，

       将T设为零，

       打开"无零钱"显示灯；

(4) 如果T等于0.25美元，那么解锁选择按钮并等待选择；

(5) 如果选择是甘草糖，给出甘草糖；

(6) 如果甘草糖已售完，则退回硬币；

(7) ……

显然，这样的程序可以无限地写下去，以让机器产生任意复杂的行为。

我们的OCCULT系统也同样是一个开放系统，根据仿真程序，选择是由输入对 (i, j) 完成的。因此，我们在观察其行为时所看到的，取决于观察期间刚好发生的输入序列。所以我们可以预期，从同样的初始值开始，对系统进行多次仿真，我们会看到许多不同的行为，尽管我们没有改变观察的特征。

如果我们看到的行为有明显的差异，就会心烦，感到自己没有"理解"这个系统，就像约翰的老师无法理解为什么约翰安安静静地坐了一年，然后在一个星期五下午放火烧了图书馆。老师不知如何描述这种"行为"，所以可能会给一个F，尽管约翰基本上整年都是一个模范学生。

老师决定根据一个孤立的行为来描述约翰的整体行为，这是简化开放系统的行为的一种办法。我们描述一个人时，有时候就是根据他在大部分时间里展示出的行为，例如教授、美食家或高尔夫球手。但在约翰的例子中，我们倾向于选择一个意外的行动作为整体行为的代表。

在日常谈话中，只要有人说过一次谎话，我们就称其为"骗子"，但我们并没有一个词来称呼总是说实话的人。还有一些贬义的词，都适用于一次标志性的行为：谋杀者、贪污犯、输家、罪人、奸夫、醉鬼。这些词汇的存在和使用，表明人们特别渴望确定行为。

如果一个人谋杀了妻子，会被判终身监禁，这样他就无法再向其他无辜的受害者犯同样的罪行。刑法体现了这一概念，即他的行为是状态确定的，人们相信循环再来一次时，这个"谋杀犯"还会再次谋杀。但现代精神病学认为，人都不太可能再次谋杀，谋杀是由环境决定的，是因为妻子最后的唠叨突然打破了这个懦夫30年的控制力。当然，还有其他的行为也归于"谋杀者"名下，所以这种确定的视角并非总是那么残酷和不当。我们的法律和概念的形成似乎正是因为其他谋杀者，即那些"变态杀手"。

肯定还存在许多系统，所以用一条特定的行为线来描述它们的整体行为似乎是合适且必要的。如果一个工程师设计了一座"安全"的桥，"5年之内最多会垮塌一次"，我们会怎样想？换言之，无论系统的其他行为会引起我们多大的兴趣，我们通常想知道系统有多大机率表现出我们未曾观察到的、会带来重大灾难的行为。毫无疑问，如果我们允许桥梁隔几年垮塌一次，造桥的成本会大大下降。但一般情况下，造桥成本中的主要部分是为了让这种可能性足够小。

由于害怕意外，我们通常要先观察系统一段时间，然后再描述它的整体行为。只有极其年轻的人才会认为一次搭车就是天作之合。观察所需的时间取决于多种因素，但主要取决于我们的预期，预期基于我们在"相似"系统方面的经验。如果我们收到了一个盒子，它发出清晰的滴答声，那么无论已经观察了多久，我们都会怀疑马上会发生什么特别的行为。如果盒子中有一个炸弹，那么无论观察多久，我们都不会知道它是否会爆炸、何时会爆炸。这正是定时炸弹背后的基本概念，我们应该对其不连续的行为一无所知。

根据典型行为来描述系统，以及根据意外但重要的行为来描述系统，这是我们惯用的两种方法，目的是恢复我们喜欢的封闭系统中的单一行为线。另外一种技巧是取平均行为，要么是历时平均（"炎热的夏天"或"潮湿的冬天"），要么是共时平均（"神经质的家族"或"不可靠的品牌"）。事实上，要将开放系统的行为转换为确定的形式，我们可以使用任何抽象技巧。如果仍未成功，我们还有最后的秘密武器：将行为描述为"随机的""适应性的""不可预测的""疯狂的"或"古怪的"（意味着"疯狂但富有"）。这样，我们总是能够成功地将整体行为简化成单一行为。

而且，为了简化整体行为，我们还要让无能的观察者靠边站。我们不是去想象系统具有单一的行为，而是可以去确保如此。用黑帮老大的话说，我们可以"给他开个不能拒绝的价"。虽然无法断定滴答响的盒子中是否有炸弹，但我们可以简单地将盒子浸到一桶水里。盒子浸到水里就能够保护我们，只是因为盒子在某种程度上是一个开放系统。根据环境不同，它会表现出几种行为中的一种。由于我们既可以作为观察者，也可以作为环境，所以我们既可以预测其行为，也可以影响其行为。但即便如此，我们仍然无法分离这两种角色，因为我们无法知道盒子里是否有一个由湿度触发的炸弹。

(1) 如果湿度水平很高，那么关闭开关!

开放系统让我们困惑，我们喜欢将系统考虑成（或创造成）尽可能封闭的系统。开放性是一道迷题，因为它让预测和观察变得复杂，但同时我们可以对系统采取动作，从而获得可预测性。在继续研究这个悖论之前，让我们看看OCCULT系统，考虑系统行为如何受到其初始状态（状态确定的部分）和输入序列（开放系统的部分）的影响。

6.5 不确定性法则

> 你难道不知道圣经中的教诲？在上帝创造世界之前，法则就已经被写过914代了。但它不是写在羊皮纸上，因为那时没有动物提供兽皮；也不是写在木头上，因为还没有树木；也不是写在石头上，因为还没有石头。它写在上帝左臂上白色火焰的黑色火苗上。我想让你知道，就是在这神圣的法则中，上帝创造了世界。
>
> ——尼可斯·卡赞扎基斯（Nikos Kazantzakis）[16]

尽管OCCULT俱乐部和世界不太一样，但也必须从某一点开始。俱乐部的发起在我们的仿真之外，也就是说，开始的100个会员及其等级是仿真开始之前就选定的。无论他们是如何选定的，开始状态都会对以后发生的事情产生影响。如果输入是随机的，那么大多数可能的开始状态，如（13, 12, 8, 15, 7, 16, 5, 4, 8, 12），表现出来的行为都会与图6-13十分相似。例如，图6-14从完全不同的状态开始，采用另一个随机输入序列，但是很难看出与图6-13有多大的区别。似乎确实存在某种规律使系统达到全零的虚无状态：（100, 0, 0, 0, 0, 0, 0, 0, 0, 0）。

（几乎）无论初始状态和输入序列如何，系统都会达到相同的最终状态，这样的系统称为"同终"系统。同终系统之所以对我们有吸引力，是因为我们需要一致的行为，以及对观察结果的简单描述。当然，有时候我们也对系统如何达到同终状态感兴趣，因为并非在所有情况下都一样。荣耀之路皆通向坟墓，但荣耀之路各不相同，这才是生活有趣的原因。不过，我们常被同终性吸引，因为这表明在输入能够作用于系统的过程中，存在着某种结构。

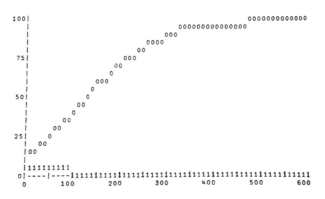

图6-14　OCCULT俱乐部会员的时序图

但是必须注意，在对同终性的定义中，我们说的是"（几乎）无论"。我们肯定可以阻止OCCULT俱乐部达到同终状态，只要初始状态是（0, 50, 0, 0, 0, 0, 50, 0, 0, 0），也就是说，都是1和6。在这种情况下，随机输入对将把系统带到状态（0, 0, 0, 0, 0, 0, 100, 0, 0, 0），因为通过下面的步骤，从1和6中只能得到1和6：

$$(2)\ t = d_i \times d_j$$

存在4种"行为"：$1 \times 1 = 1$、$1 \times 6 = 6$、$6 \times 1 = 6$、$6 \times 6 = 36$，取最后一位，又得到6。图6-15展示了这4种行为的结果，其中只画出了6和1，因为其他数字都是0。最后6"驱逐"了1。

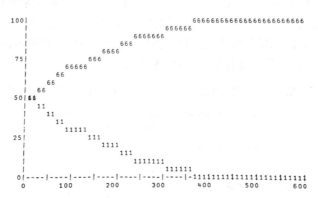

图6-15　OCCULT俱乐部会员的时序图，从一半1和一半6开始

我们还可以考虑开始时只有奇数等级的情况，即只有1、3、5、7和9，如状态（0, 20, 0, 20, 0, 20, 0, 20, 0, 20）。在没有0和其他偶数等级的情况下，5将取代原来的0，状态最终全部变成5，（0, 0, 0, 0, 0, 100, 0, 0, 0, 0），如图6-16所示。

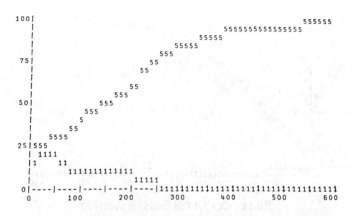

图6-16　OCCULT俱乐部会员的时序图，是开始只有奇数成员，且至少有一个5

通过研究白盒结构，我们可以肯定还有一个这样的同终状态。任何时候只要1保留下来，最终状态就一定是确定的，因为$1 \times 1 = 1$。而且，由于$9 \times 1 = 9$，$9 \times 9 = 81$（在我们的算法中也得到1），所以一旦我们只有1和9，就不会产生其他数字了。这个只有1和9的区域，可以通过只有1、3、7、9的区域到达，因为这4个数字都只能产生它们自己。所以我们可以看到，如果初始状态不包含等级为偶数和5的成员，就会导致只有1和9的状态，而这个状态又会进一步达到只有1的状态，这会让O'Teric先生无比欣慰。

总之，OCCULT俱乐部具有4种不同的同终状态，一旦达到就不会再变化，如图6-17所示。请注意，"走向一样的同终状态"这种关系满足自反性、对称性和传递性。因此我们可以将系统划分成4个独立的区域，就像图6-6几乎将（温度，降水量）状态空间划分为6个生态群一样。我们可以根据同终状态将这4个区域分别命名为SX、SI、SV和SVI。

记号	同终状态	开始成员
SI	(0,100,0,0,0,0,0,0,0,0)	没有成员的等级是V、X、II、IV、VI、VIII（分别为5、10、2、4、6和8）
SV	(0,0,0,0,0,100,0,0,0,0)	至少一个成员的等级是V（5），并且没有成员的等级是II、IV、VI、VIII和X（分别为2、4、6、8和10）
SVI	(0,0,0,0,0,0,100,0,0,0)	没有成员的等级是X（10）和V（5），且至少一个成员的等级是II、IV、VI和VIII（分别为2、4、6和8）
SX	(100,0,0,0,0,0,0,0,0,0)	至少一个成员的等级是X（10），或至少一个成员的等级是V（5）并且一个成员的等级是II、IV、VI和VIII（2、4、6和8）

图6-17　OCCULT俱乐部的4个"种群"

第 ⑥ 章　行为的描述

186

如果不知道这个白盒的内部结构，又观察了许多从特定输入状态开始的俱乐部，我们可能会说，存在4种俱乐部"类型"或"种群"。俱乐部的种群是由初始状态决定的，但我们不知道到底是哪一种，除非我们看着它达到最终状态。换句话说，我们能区分知更鸟的蛋和蜥蜴的蛋，因为一个会孵出知更鸟，另一个会孵出蜥蜴。其实这在开始下蛋之前就已经确定了，但在孵化之前我们可能不知道。最后，我们学会了识别每个种群的其他"特征"，所以不必等到最终结果就能区分。

每一类俱乐部我们会看到多少呢？哪个是一类（ SI ），哪个是五类（ SV ）？用状态空间的术语来说，某个俱乐部具有各个区域的初始状态的机率是多大？这个我们说不清楚，因为大法师选定初始会员时，我们没坐在他旁边。如果选择是随机的，那么成为 SX 的概率约为0.999 999 999 9，成为 SVI 的概率约为 10^{-10} ，成为 SV 的概率约为 10^{-30} ，成为 SI 的概率约为 10^{-40} 。所以，如果O'Teric先生是随机选择的，那么我们很有可能根本看不到虚无主义（ SX ）以外的俱乐部，并会认为虚无主义就是系统的"行为"。但是O'Teric先生是大法师，可以按照自己的意愿选择成员。因此我们可能看到所有类型，我们对系统的想象也会大不一样。这就是系统的初始状态可能产生的影响。

为了研究输入序列的影响，我们暂时将注意力集中在虚无主义类型上。在这个类型中，随机输入最终会让所有成员的等级变成X（10）。随机输入究竟是什么意思？在向O'Teric先生提出这个尴尬的问题之前，让我们考虑一下，如果输入不是随机的，系统会有怎样的行为。第一种情况，假定输入受到限制，学生的选择保持不变，而老师的选择是随机的。因为只有学生的等级会变化，所以只有一个成员会改变等级，因此俱乐部经历的各种状态都不会离初始状态太远。从图6-13的状态开始，俱乐部永远不会达到 SX ，即使初始状态也在这个区域中。如果知更鸟的蛋掉到鸟巢外面，就孵不出来了。如果O'Teric先生能够控制老师和学生的选择，俱乐部就不会变成虚无。

其他的非随机输入（不那么明显）也能防止系统达到 SX 。例如，在某次计算机仿真中，用来产生随机序列的算法碰巧将某些数字排除在 j 的选择范围之外，这样在那些位置上的会员永远不会改变等级，所以会接近 SX ，但不会到达。事实上，正是系统没有达到 SX ，才揭示了输入的非随机性。

太多微妙的非随机性都能产生类似的效果，要么在输入中排除某些数字对，要么禁止某些输入序列。在另一次计算机仿真实验中，产生的序列虽然允许所有100个会员被选为学生或老师，但没有产生所有可能的成员配对。在这个例子中，除非数字12、13、37、82和94中的一个被选为老师，否则上述数字不会被选为学生。在第一个随机的初始状态中，会员13的等级是V（5），另一个的等级是偶数，所以所有的5都最终变成了X（10）。类似的行为也出现在后续的初始状态。但是，最后终于生成了一种初始的会员状态，其中5个会员中没有一个是X（10）和V（5）。经过很长时间的仿真，它们仍拒绝进入虚无状态，对此我们非常吃惊，直到发现了输入算法中的非随机问题。

如果观察者不具备系统的完整知识，在观察这个俱乐部时，就可能得出两种同样合理的结论。要么系统的输入是非随机的，要么有一个5人小派系在以某种方式"拒绝"输入的行动，或者至少与俱乐部其他成员的行为不同。实际上，我们可以创建一个仿真，随意地阻止会员（12, 13, 37, 82, 94）成为学生。我们在程序中需要这样一条语句：

(3) 除非是 j 是（12, 13, 37, 82, 94）之一，否则 $d_j = t$ 的最后一位数字。

这样的仿真就和特殊分区输入下的无差异系统具有相同的行为方式。

经过上面这些考虑，我们可以推导出一条重要法则，它基于最为一般的情况，这就是不确定性法则：

我们无法确定观察到的约束应该归因于系统还是归因于环境。

在特定的情况下，我们做的或许比法则所说的还要糟糕，因为观察者自身甚至都在引入约束。爱丁顿（Eddington）提供了一个观察者约束的经典案例。他描述了一艘想象中的海洋考察船，船员在对渔网捕到的标本进行分类时得出结论说，海洋中不存在身长短于3英寸的生物。

观察者当然是环境的一部分，所以不确定性法则也包括观察者，我们对此不应感到惊讶。在科学史上，可以发现许多"三寸鱼网"的案例。医学史上，这样的好例子尤其多，因为医学在处理复杂系统时，混淆了观察者（诊断医师）和环境（治疗医师）的角色。

看看亚历山大·伍德（Alexander Wood）的例子。他于1855年发明了第一支皮下注射针，用于皮下注射吗啡，以缓解局部神经痛。他用这种方法获得了极大的成功，但他却认为只有在痛点附近注射才能缓解病痛。由于吗啡无论在何处注射都会缓解疼痛，所以即使他对注射点进行了限制，还是很成功。但是当一位妇女头皮疼痛时，他却抱怨这个位置无法注射，从而让那位可怜的妇女继续遭受痛苦。他的理论使他从未想过在别处注射。

直到1858年，查尔斯·亨特（Charles Hunter）才发现，在非疼痛区注射吗啡具有同样的缓解效果。很可能因为亨特比伍德更加无拘无束，所以才有了这样的发现，因为他当时还没有背上发明的包袱。而亨特发明了"皮下注射"一词，他也被先前的荣誉压垮并丧失了远见，妨碍了后续的发展[17]。现在，我们当然知道"就近注射"是一个较差的想法。可是我们真的知道吗？是真正试过了吗？

科学中未经验证的假设多得令人惊讶。任何一天，在新到的几十本杂志中随意打开一本，我们都会看到关于"新发现"的报道，它们只是放宽了观察过程中的某些约束条件。下面是《科学》杂志中的一个例子[18]。首先是关于一种发现的概要：

> 　　在热带和亚热带的印度洋太平洋地区，有一种腹部能发光的小鱼。对这种发光系统的实验分析支持这样的假设，即它在白天发光，并且与背景光一致，所以使鱼的轮廓变得模糊了。

很显然，这是一种适应机制。但为什么以前没发现？毕竟，发光的鱼还是不多见的。对此作者解释道：

> 　　由于对野外生物发光的观察一般都在夜间进行，在实验室中则是在暗室中进行，所以生物白天发光的可能性没有引起我们的兴趣和注意，这一点并不奇怪。

所以，从1855年到1971年，情况没有变化，因为不确定性法则似乎仍然成立。我忍不住再举一个计算机方面的例子，这是我自己的领域。并不是只有科学定律才受困于误加的约束。在计算机行业，不确定性法则每天都几千次地证明自己，世界各地都一样，下面的例子可以为证。

在本章开始时，我们对数字计算机的仿真能力赞誉有加，但如果我们不说明计算机并非总像我们描述的那样简单，就是不负责任。在我们编写程序时（比如仿真OCCULT系统），它做的事情并非总是符合我们的设想，通常这是由于我们的程序有错误。另一方面，计算机本身也时常不能按照要求去做。这时，我们就说"运行不正常"，发生了"机器错误"，这和"程序错误"不同。

机器是程序运行的环境，有时发生一个错误时，几乎无法判断是机器错误还是程序错误。由于现在机器错误很少，所以一般都会诊断为程序错误。如果这个诊断错了，就意味着要浪费大量的时间在程序中查找错误。

在我们的例子中，两个程序员花了几个星期的时间试图找到一个时有时无的错误的来源，最后确信错误出在计算机上。他们叫来了工程师，针对错误的来源争论一番之后，工程师同意在硬件上找问题。他们移开机器侧面的操作台，以便看到机器的重要部件。工程师完全可以打开这个黑盒，但就算看里面也没有任何发现。

工程师运行了所有的诊断程序，然后宣称错误一定在程序中，因为他们的程序运行得很好。工程师离开后，程序员又一次运行了自己的程序，还是失败了，因此他们也确信，错误确实出在自己的程序中。

整个循环又过了一遍，最后程序员再次确信是机器错误。工程师再次移开操作台，打开机器，开始工作，结果仍然没有任何发现。如此重复3次，每次都是同样的结果。终于有一天晚上，程序员发现他们的程序正常工作了。

什么东西变了？时间不同？这肯定不是原因。也许是原因？当他们站在机器旁看着程序像八音盒一样完美运转的时候，扫地的保洁工干完了活，把桌子推回了计算机旁。突然，程序又停止了！

6.6 思考题

1. 自然生态系统

图6-18摘自一篇关于世界植物能量模式的文章[19]。它用二维形式展现了一个三维状态空间，包含了图6-6的某些信息。请探讨这些这视角之间的关系，并寻找其他状态空间图，采用其他分解方式查看同样的数据。

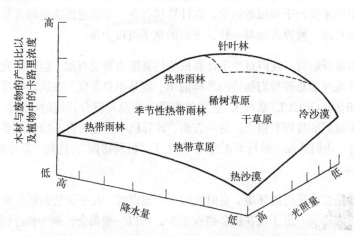

图6-18　与图6-6的二维视角相关的三维状态空间

2. 数据转换技术

在行为线的所有形态中，穿过状态空间的直线在某种意义上是最简单的。在数学上，只要我们足够努力，就可以梳理出所有连续曲线。然而，状态空间中的经验点并不是真正的点，而是区域，它的大小由观察的"误差"范围决定。每次变换都以一种特殊的方式扩大或缩小了这些误差区域，同时也改变了"行为线"的形状。例如，有人提出下面的双对数定律：

任何数据点都会形成直线，只要画在双对数坐标纸上。

请讨论这条定律，以及其他能在二维状态空间中形成直线的变换行为。

3. 语义成分分析

人类语言学中有一种颇具争议的研究方法，它试图通过分解出基本的"成分"来辨别"思维的自然类型"。请根据本章的概念，追溯这种方法的发展和关于它的争论，支持一方或双方，或者反对双方。

参考：A. F. C. Wallace and J. Atkins, "The Meaning of Kinship Terms." *American Anthropologist*, 62, 58 (1960)

Robins Burling, "Cognition and Componential Analysis: God's Truth or Hocus Pocus?" *American Anthropologist*, 66, 20 (1964).

4. 心理学的要素分析

对我们来说，人类心灵可能是一个终极黑盒，至少已经有3代心理学家一直试图从这个黑盒中抽取智慧的"真正"特点。事实上，对智慧的研究促使斯皮尔曼（Spearman）于1904年发展出一种数学方法，用于自动抽取"要素""成分"或"特点"。我们将这种技术称为"要素分析法"。瑟斯顿（Thurstone）大力改进了该方法。虽然在过去的100多年间，有上百名研究者应用和改进它，但对于它抽取的要素的"真实性"，仍存在争论。

尽管该方法的应用现在已经远远超出了心理学的范畴，但应用的焦点仍然在最初的问题上：智慧的要素是什么？吉尔福特（J. B. Guilford）参与了这种方法发展的大部分过程，他将通过要素分析法得到的关于智慧的当前状况总结为一个三维状态空间：

（内容，产物，操作）

这得到了4×6×5 = 120种状态，如图6-19所示。请探讨推导出这个状态空间的方法，心理学家如何使用它，以及如何证明它不足以构成人类智慧。

参考：J. P. Guilford, *The Nature of Human Intellect*. New York: McGraw-Hill, 1967

H. H. Harman, *Modern Factor Analysis*. Chicago: University of Chicago Press, 1967

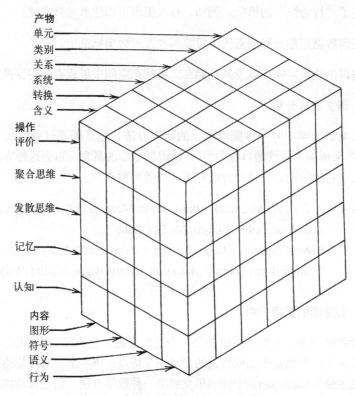

图6-19　吉尔福特的智力活动三维模型

5. 艺术史

在过去的几个世纪，艺术家们将三维景象投影到二维画布上时，都用哪些方法消除诸多的不确定性？东西方的艺术传统有何差异？在下一轮的方法中，会用到哪些新技术？

参考：E. H. Gombrich, *Art and Illusion*. New York: Pantheon, 1960

6. 一般性问题

找一本商业杂志和一本工程杂志，看看其中能发现多少种时序图。同时看看还能发现多少种状态空间表达方法。在描述的系统中，识别初始状态和输入序列，并讨论不同的图如何影响展现的行为。如果可能，用另外的表示方式来描述每种行为。

7. 影片制作

动画片让我们能够更有效地表达时间或其他维度。请编写一段动画片脚本，解释本章关于行为的概念，至少使用3种适合于影片的系统行为新视角。

8. 历史

碳14年代测定没有像人们最初希望的那样成为宇宙的时钟，但有许多其他时钟记录了过去的时间，尤其是过去历史的时间。假如你想研究过去1000年的气候变化，你会使用哪种时钟？每种时钟的失真度如何？在你绞尽脑汁后，请参考：

> Emmanuel Le Roy Ladurie, *Times of Feast, Times of Famine: A History of Climate since the Year 1000*. Translated from the French by Barbara Bray. New York: Doubleday, 1971

9. 乘公交车

你在公交车站等车时，更有可能先看到反方向的车，然后你等的车才来。为什么会这样？因为公交车是循环开的，而你一般都是离出发点近，离目的地远，否则就不用乘公交车了。没理由相信循环的两部分大小相等，但你把它们揉合成了两个状态。请量化这种观察结果，并将其一般化，这时不止一辆公交车在线路上行驶。按照这种思路，分析民间谚语"心急吃不了热豆腐"中蕴含的智慧。

10. 畸形学

经验观察表明，随着妇女年龄增大，生的孩子患唐氏综合症的可能性也更大。例如，40岁妇女生育这种孩子的可能性是25岁妇女的10倍。这种现象的一种解释是，卵子可以在几天内受精，只有在这段时间的末期受精（此时会发生同源染色体"不分离"的情况）时，才会产生先天性痴呆儿。在这种情况下，交媾的频率与观察到患儿的频率成正比。如果每天交媾，则在末期受精的可能性几乎为零。但如果交媾是大致十天一次，那么这种受精的可能性就大大提高了。请为这种现象建立模型，反映受精周期、交媾频率和先天性痴呆可能性的关系。哪种经验数据有利于证实这个模型？

参考：Abraham M. Lilienfeld, *Epidemiology of Mongolism*. Baltimore, MD: Johns Hopkins Press, 1969

11. 微波工程

随着微波设备的数量和种类不断增加，微波与其他系统之间相互作用的故事和推测也增加了。例如，我们一般认为厨房里的各种电器是相互独立的，但当微波炉进入厨房后，人们很快就发现它对装了心脏起搏器的人有严重影响。老话的新说法是："如果受不了微波，就别待在厨房里。"

请讨论其他一些能反映微波系统对原本相互独立的系统产生影响的情况，列举可能的影响，以及针对这些影响可能采取的行动。

参考：*IEEE Transactions on Microwave Theory and Techniques*. Especially "Special Issue on Biological Effects of Microwaves." MTT-19, 128 (February 1971)

12. 精神病学

请讨论下面一段话的含义：

> 本书采用动态视角来研究社会心理学现象，这与大部分社会科学研究中所采用的描述行为学方法是截然不同的。通过动态视角，我们的主要兴趣不在于了解一个人现在的所想、所说和所做。我们的兴趣在于他的性格结构，也就是说，在于他的潜力中的半永久性结构，在于潜力被引导的方向，在于潜力流动的强度。如果我们知道触发行为的驱动力量，我们就不仅能理解一个人现在的行为，还能够对他在环境变化时的可能行动进行合理的假设。从动态视角来看，思想或行为中出乎意料的"变化"大多是可以预知的，只要我们知道他的性格结构。
>
> ——埃里希·弗罗姆（Erich Fromm）

特别要注意讨论"行为"和"结构"在各处的用法。弗罗姆所说的"环境变化"是什么意思？不确定性法则在此处如何应用？

参考：Erich Fromm, *The Revolution of Hope: Toward a Humanized Technology*. Riverdale, New York: American Mental Health Foundation Inc., 2010

13. 维度分析

从维度分析中，我们得到了无维度乘积的概念，即表达式中包含两个或多个物理变量时，通过某种方式将所有维度彼此抵消了。重要的无维度乘积例子包括：雷诺数、弗劳德数、韦伯数和马赫数，最后的马赫数就是两个速度的比值，所以明显是无维度的。"一组给定变量的无维度乘积集合称为完整集合，条件是该集合中的每一个乘积都独立于其他乘积，而且这些变量的所有其他无维度乘积都是该集合中元素的幂的乘积。"

请讨论无维度乘积的意义，以及该集合中完整性和独立性的要求。

参考：Henry L. Langhaar, *Dimensional Analysis and Theory of Models*. New York: Wiley, 1951

P. W. Bridgman, *Dimensional Analysis*. New Haven: Yale University Press, 1963

14. 人类学

人类学家通常分为两类：一类是像马林诺夫斯基（M-alinowski）和米德（Mead）这样的现场工作者；另一类是像弗雷泽（Fraser）和列维–施特劳斯（Levi-Strauss）这样的"扶手椅"人类学家，他们的理论依赖于别人的报告。请讨论这一命题："扶手椅"人类学家研究的不是文化，而是人类学家，也就是说，研究的不是鱼，而是渔网。

参考：James G. Fraser, *The New Golden Bough* (abridged edition). New York: Macmillan, 1958

Claude Lévi-Strauss, *Structural Anthropology*. Translated from the French by C. Jacobson. New York: Basic Books, 1963

15. 广义相对论

爱因斯坦广义相对论的基本哲学基础被物理学家称为"等效原理"（不要将这个原理与一般系统论的法则相混淆）。等效原理大致是说，观察者无法通过测量来区分他的实验室是在重力场中自由下落，还是在某个无重力的空间中加速。请探讨爱因斯坦在这个原理中使用的方法，并以此为启发，将这些启发与系统思维中使用不确定性法则的技巧联系起来。

参考：Albert Einstein, *The Meaning of Relativity*, third ed. Princeton, N.J.: Princeton University Press, 1950

16. 树木栽培：共时性和历时性

如果我们在任意一个时间到果园去摘苹果，数它们的种子数，称它们的重量，如此就可以画出平均重量与种子数的关系图，如图6-20所示。我们如何确定该图来自于下述哪种可能？

a. 预先确定的种子数对应的果实重量与种子数成正比
b. 适宜的环境导致果实增大，种子随之增加

参考：A. C. Leopold, Plant Growth and Development. York: McGraw-Hill, 1964

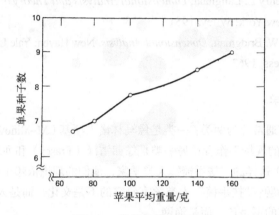

图6-20　苹果重量与种子数

17. 古典考古学与现代旅游业

图6-21展示的是来自古希腊采石场和某些纪念碑的大理石样品，根据它们的碳13和氧18同位素的相对含量，标出了它们在二维状态空间中的位置。请解释考古学家可能会怎样使用这些信息，并指出使用过程中可能出现的3种错误。希腊人"每年冬天都将大理石的碎块撒在帕特农神庙附近，以便为游客贪得无厌的掠夺提供材料"，今天的这种做法会带来什么困难？

参考：Harmon Craig and Valerie Craig, "Greek Marbles: Determination of Provenance by Isotopic Analysis." *Science*, 176, 401 (28 April 1972)

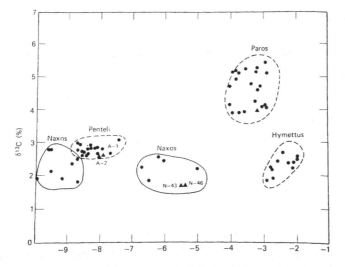

图6-21　与PDB同位素标准相比，古希腊采石场大理石样品中的碳13和氧18含量的变动。图中的三角形表示某些考古样品

18. 应用人类学

请根据本章的材料，评论以下故事：

> 太平洋瑙鲁岛上的土著人喝一种传统家酿烈酒，这种烈酒是用棕榈叶子发酵而成的。但在第一次世界大战之后，瑙鲁由澳大利亚托管，喝酒被禁止了。6个月内，婴儿死亡率就上升到50%。原因何在？人们自然饮食摄取的维生素B_1很少，所以婴儿只有在母亲醉饮时才能获得足够的维生素B_1。当土著居民被允许饮酒后，婴儿死亡率立即降到了7%。

参考：*Playboy*, 19, No. 6, 186 (1972)

6.7　参考读物

推荐阅读

1. Hans Elias, "Three-Dimensional Structure Identified from Single Sections." *Science*, 174, 993 (3 December 1971).
2. Herbert A. Simon, "Understanding the Natural and the Artificial Worlds." *The Sciences of the* Artificial. Cambridge, Mass.: MIT Press, 1969.

建议阅读

1. P. W. Bridgman, *The Way Things Are*. Cambridge, Mass.: Harvard University Press, 1959.

2. Edwin A. Abbott, Flatland. *A Romance in Many Dimensions*. New York: B&N Press, 1963.

3. John M. Dutton and William H. Starbuck, Eds., *Computer Simulation of Human Behavior*. New York: Wiley, 1971.

6.8 符号练习

1. 构造一个更为精确的算法，来计算图6-13中的观点。

2. 如何修改练习1中的算法，使其能够对偶数位和奇数位分别相加，从而演示"偶元定律"？

3. 假设有一台糖果自动售货机，它只接受25美分的硬币作为输入，但允许选择10美分、15美分和25美分的糖果。如何用算法来描述这台机器的找零逻辑？

6.9 符号练习答案

1. 程序类似于这样，用v表示一个10个数（v_0, v_1, …, v_9)的集合，用于计算任何时刻的10个求和数：

(1) 无限次重复2至7行，$t = 1, 2, 3, …$

(2) 计算下一个状态

(3) 置$v = $（0, 0, 0, 0, 0, 0, 0, 0, 0, 0）

(4) 重复5至6行，i 从1变到100

(5) $k = d_i$

(6) $v_k = v_k + 1$

(7) 画出（v_0, v_1, t）至（v_8, v_9, t）

请注意第二行的写法，我们假设已经在别处给出了状态变化的确切算法，这是分解法的一种应用，在计算中称为"编写子程序"。

还要注意，我们将成对的求和数与t一起画，因此只有5张独立的图，像图中一样。

2. 在上述程序中，我们会改变3至7行：

(3) 置$v = (0, 0)$

    (4) 重复5至6行，i从1变到100

(5) $k = d_i$

(6) 如果k是偶数，那么$v_0 = v_0 + 1$

              否则$v_1 = v_1 + 1$

(7) 画出(v_0, t)，$\cdots (v_1, t)$

3. 程序类似于这样：

(1) 接受25美分硬币和选择s。

(2) 如果s为空，则退回硬币并终止。

(3) 如果s是10美分糖果，找回10美分和5美分硬币。

    a. 如果没有10美分和5美分硬币，则亮"无零钱"灯，退回25美分硬币并终止；否则给出糖果。

(4) 如果s为15美分糖果，找回10美分硬币。

    a. 如果没有10美分硬币，找回两个5美分硬币。

    b. 如果没有两个5美分硬币，则亮"无零钱"灯，退回25美分硬币，并终止；否则给出糖果。

(5) 如果s为25美分糖果，则给出糖果。

第 **7** 章
一些系统问题

唯有变化，才是永恒。

——赫拉克利特（Heraclitus）

7.1   系统的三元论

　　这里真正的转变，是从关注组织形式转向关注行动，从存在转向行为，从形式转向功能，从模式转向过程，从永恒转向暂存。"存在"是实体与时间相交的部分，在一段时间里，组织中那些似乎相对不变的方面，构成了实体或有机体的基本结构。历时不变有助于确定成熟系统的重要部分。相反，随着时间推移，会出现短暂的、可逆的变化，这些变化常常反复发生，构成了"行为"或功能；那些长期的、不可逆转的变化，常常逐渐发生，构成了"进化"或发展。随着这种时间的推移，人们对于实体的关注也发生了变化：从物体（空间中的物质模式）转向行为（时间中的事件模式）。

——R. W. 杰拉德（R. W. Gerard）[1]

　　对于系统思维这段计划的旅程，我们已经到达了第一阶段的终点。本章是第一阶段和后续旅程之间的接口。我们将回顾走过的地方，展望将来的书中我们必须要去的地方。

　　我们走过哪些地方？采用杰拉德的术语"存在、行为、进化"，我们已经讨论过记录存在的方法：集合符号、结构图、属性、边界以及白盒。我们研究了行为：状态空间、时序图、输入、随机性以及黑盒。我们也研究了存在和行为之间的关系：如何通过抽取"属性"，从特定的行为推断出特定的结构；如何通过执行"程序"，从特定的结构产生特定的行为。

但我们还特别从第四个角度来研究了所有这些东西，这就是信念。我们问：观察者（或信徒）如何参与这些观察？答案有多种形式：眼–脑定律、广义热力学定律、广义互补定律、差异法则、不变法则、强连接定律、图像法则、共时与历时法则、不确定性法则，等等。所有这些答案给出的结论是，我们作为观察者与观察到的现象纠缠不清，这种纠缠导致我们最终无法确定什么是存在，什么是信念。

所有这些都为前方的困难做好了准备，但我们还没有提出"进化"这个问题。我们出生时，就得到了整个世界，它已造好。我们不认为它已造好，因为我们根本不认为它是造出来的。"这个世界充满了各种事物"，所以我们满足于将物体的世界看成玩具箱，将思想的世界看成诗歌的花园。随着年龄增长，阅历渐丰（泰迪熊少了一条腿，家搬到了新地方，我们的狗永远"睡着了"），我们才发现世界变幻无常。这时我们才提出进化的问题："事物是怎么发展到今天这个样子的？为什么不能永远保持不变？"

是生活经验安排了这些问题。随着年龄增长（国家兴盛衰落，理论成熟消失，爱情生生灭灭），我们才明白"唯有变化，才是永恒"。从此我们不再因变化而困惑。相反，我们更急切地想知道："为什么事物会保持不变？"

当我们年纪更大时，看到的不只是外部世界的消失，甚至珍视的童年幻想也离我们远去。我们会问："为什么我会看到我所看到的一切？"我们的世界观逐渐成熟了，从存在到行为到进化到信念，完成了整个循环。

于是，下面是主宰一般系统思维的3个重要问题，即系统三元论：

(1) 为什么我会看到我所看到的一切？
(2) 为什么事物会保持不变？
(3) 为什么事物会发生变化？

所有一般系统思维必定从其中一个问题出发开始探索，直到被迫转入另一个问题。我们永远没有希望到达终点，我们也不会进行尝试。我们的目的是改进思维，而不是解决斯芬克斯之迷。我们可以从希望了解的问题开始，我们选择从上面第一个问题开始。我们希望能在下一本书中详细讨论第二个问题，这会导致第三个问题，它肯定需要另一本书来阐述。然后，如果我们还有精力和勇气，可以再回头来讨论第一个问题。

但是，因为这3个问题确实构成了一个循环，所以我们想一起讨论一次，只有这样我们才能够在到达目的地之前，看一眼我们要去的地方（实际上我们根本不可能到达那里）。

7.2 稳定性

> 一般性的观点总是有一些抽象，正因为如此，这在某种程度上是对真实生活的否定……人类的思想以及由此产生的科学，只能抓住并命名事实的重要性一面，比如它们的关系、法则，简而言之，就是永恒变化中不变的部分；而不能抓住这些事实的物质性、个性化方面，这些方面随着现实和人类生活而跳动，因此变幻无常而又不可触摸。科学包含的是对现实的思考，而不是现实本身。是关于生活的思考，而不是生活。这是科学的局限，真实且不可逾越的局限，因为科学正是基于思考的本质，思考是科学的唯一器官。
>
> ——巴枯宁（Bakunin）[2]

对某些科学家来说，一位19世纪无政府主义者说的这些话就像挑逗公牛的红布，但巴枯宁不是科学的敌人。尽管我们现在对无政府主义存在着曲解，尽管巴枯宁意识到了科学的局限，但是他曾积极提倡真正科学的社会。他的话不是诅咒，而是分析，这种分析在思想上的现代性令人吃惊。

我们讨论过系统的行为，它们在"不断变化"。现在我们必须转向"系统中什么是永恒的"这个问题，因为这才是今天科学的内容，像100年前一样。为了免受我们一般系统思维的误导，我们必须剥离"稳定"和它在日常生活中的含义。

当然，首先，"不稳定"这个行为词汇很适合描述哪怕只出现一次的不受欢迎的行为。扔一颗炸弹的人就是无政府主义者，倒了一次的大楼就是不稳定的。如果大楼倒塌，那么它就是（或曾是）不稳定的，可我们在日常会话中总是错误地假定，一幢大楼只能处于两种状态，静静矗立或倒塌。

我们常常混淆"稳定"和"不动"。大多数人都同意帝国大厦是稳定的，如果发现在有风的日子里它微微晃动，我们就会感到惊讶。稳定并不是完全不变，就像无政府并不意味着从有序走向混乱一样。稳定性意味着在某种界限内的变化，就像无政府主义一样。

只要风足够大，任何建筑都会倒塌。我们因此断定所有建筑物都不稳定？根本不是。稳定性不仅意味着系统承受变化的界限，也意味着系统能够承受的扰动程度。所以，当我们提及稳定性时，包含两重意思：系统的一些可接受行为以及环境的一些预期行为。换句话说，我们定义了环境状态空间中的一个区域，以及对应的系统状态空间的一个区域。例如，我们可以这样定义高层建筑的稳定性：风速达到每小时90英里时，偏离垂线不超过10英尺。

在我们的定义中，稳定性是系统和环境之间的一种关系。在封闭系统中，可以想象存在着绝对稳定，但这样只是把问题推到了隔离边界之外。我们如何建造一个绝对稳定的边界，得到完全封闭的系统呢？物理学家认识到这个问题，所以他们的稳定性概念与所谓的"小扰动"有关。系统只有一点点开放，然后我们观察它的行为。如果扰动对系统的影响逐渐消失，那么系统就是稳定的；反之，如果扰动的作用被放大，系统就是不稳定的。金字塔就是一个典型例子。如果底面着地，轻轻推动金字塔，它还会回到原来的稳定位置。但是如果顶端着地，那么任何小扰动都会让金字塔翻倒，它不会再回到原来的不稳定位置。

在物理学家对稳定性的定义中，存在某种令人不满的循环定义，因为除非进行稳定性测试，否则他无法知道什么是"小"扰动。这种绝对的东西只是从系统传递到环境中，现在环境有了绝对的"小"扰动。虽然这种论证足以让科学家研究近似封闭的系统，但对于那些无法在实验室中回避开放性的人来说，这纯粹是误导。具体来说，它可能误导注意力，导致我们在系统"内部"寻找稳定性，而不把它看成是系统与环境之间的一种关系。

在生态学中，这种绝对思维尤其危险，它是地球上许多掠夺性破坏的原因。举例来说，在密林中生长的树木之所以能抵挡风吹，部分原因在于周围的树林。如果伐木工认为稳定性存在于"这棵树中"，从而砍伐许多树木，希望留下少量稳定的树，那么剩下的这些孤零零的树往往在第一场暴风雨中就倒下了[3]。

这类绝对思维相当常见，人们应该应用经验公理，根据过去来推测未来。但如果过去有指导意义，人们却不会参考。随便翻开42卷本的《美国环境研究文集》[4]中的任何一卷，就能看到类似的哲理寓言，比如旅鸽，曾经有几十亿只生活在北美地区，如今已灭绝。我们在"俄亥俄州参议院特别委员会，1857年报告，关于保护旅鸽的建议方案"中看到：

> 旅鸽不需要任何保护。它们可以大量繁殖，北部拥有大片森林可供它们栖息繁殖，它们能跋涉千里寻找食物，今天在这里，明天在那里，普通的破坏都不会使它们的数量减少，或者令它们的年繁殖量降低。

请告诉我们,"普通的破坏"不是"小扰动"的代名词又是什么?当自然界想保存一种不可替代的资源时,它什么也不会去做,直到人们实际破坏了生态系统,还没有给出"小扰动"的准确定义。

但绝对主义也有用,所以根深蒂固。为了保持"系统中"某种稳定性的观点,还有一种更高级的尝试,那就是"线性系统"的概念。如果输入增加只是引起系统中某些东西的等量变化,那么对于这种输入,系统就是线性的。用函数的形式,如果系统的"响应"表示如下:

$$R = f(I)$$

其中 I 是输入,如果 f 是线性的,就有:

$$F(2 \times I) = 2 \times f(I)$$
$$f(1000 \times I) = 1000 \times f(I)$$

或者表示为更一般的形式:

$$f(a \times I) = a \times f(I)$$

对所有可能的 a 均成立。

线性系统的概念,如同封闭系统的概念一样,是非常有价值的近似。所有的系统思维学者都应该对其进行细致认真的研究[5]。线性系统对于稳定性的重要之处在于,它去掉了"小扰动"的相对概念,因为只要扰动是有限的,系统的行为就和原来类似,只不过更大而已。例如,如果我的音响是线性的,那么调大音量开关,声音会更大,但不会失真。我可以一直调大音量,听到的还是原来的音乐。

遗憾的是,线性系统的概念虽然对系统思维很有益处,但也将绝对主义推向了更加不妙的境地。我们所知的系统都不是严格的线性系统。如果把音量调到足够大,一定会发生失真。音响的设计可能不让我们把音量调到那么大,或者它会停止工作以防止音箱受损,但这些做法都是非线性的,目的是让音乐保持在线性范围内。线性系统近似实际上是说,"在一个合理的范围内",系统是线性的。但什么是"合理的范围"?在遇到非线性之前,如何发现这个范围?

线性系统近似的另一个问题是,稳定的系统不必是线性的。如果我们的注意力局限于线性系统,就会忽略大量具有稳定行为的非线性系统。我们采用线性模型,不是因为我们发现世界特别线性。就像采用其他近似方法一样,我们很容易相信自己的模型，而不是经验世界，从而深受其害。结果是我们可能"看不到"非线性系统，就像我们"看不到"没有物体的系统一样。

例如，线性系统具有很方便的"叠加"属性。两个线性系统叠加在一起，结果仍是线性系统，只要我们能坚持"叠加在一起"的规则。例如，如果有两个系统：

$$R = f(I) \qquad S = g(I)$$

它们都是线性的，然后我们可以将它们叠加在一起：

$$T = R + S = f(I) + g(I)$$

结果也是线性的。或者反过来看，我们可以将一个线性系统分解为多个线性系统。

就其本身而言，叠加是一种很便利的属性，但不小心就会变成关于非线性系统的荒谬论点。例如，W. J. 坎宁安（W. J. Cunningham）[6]在一篇有关其他方面的比较复杂的文章中，谈到了工程师眼中的稳定性，提出下面的论点：

> 许多大型工程问题都可以分解成较小的部分。虽然飞机的最终测试要看它作为一个整体能否正常工作和飞行，但飞机内有许多较小的系统，可以分开来考虑……飞机作为一个整体要正常工作，那么每一个小系统也必须正常工作。如果组件系统是不稳定的，那么整机系统就谈不上稳定。

当然，坎宁安的论证也无意中采用了线性系统的类比，因而犯了分解错误。如果我们承认宇宙中存在非线性系统，就可以将一些原本不太稳定的部件组合在一起，构成一个稳定的系统。森林中的大树是一个例子，单只旅鸽也是一个例子。虽然人类偏爱私下交配，但除非一棵大树上聚集了几千只旅鸽，否则它们显然不会交配。所以旅鸽的"年繁殖量"不是其数量的线性函数。一半数量的旅鸽不会生出一半数量的新鸽子，足够长的时间之后，生育终将停止。

另一种概念上的困难我们也想避免，就是不知什么原因，人们把"稳定性"等同于"良性"。如果一个煤矿50年前着火，一直烧到今天，那么它表现出了很高的稳定性，却没什么"良性"。进一步说，既然稳定性和良性的定义都与某种特定的观点有关，所以很容易看到，同样的情况可能被看成是"稳定且良性""稳定且恶性""不稳定且良性"和"不稳定且恶性"。政府的形式可以保持稳定，而政府官员却进进出出。保守派认为政府稳定且良性，而激进派认为政府稳定且恶性。被罢免的官员认为政府不稳定且恶性，而受苦受难的百姓则认为这种不稳定很好，因为无赖最终会被赶走。

尽管如此，在头脑中，我们还是倾向于感到稳定性与良性有关系。这种关联从何而来？为什么如此普遍？要寻找对这种公认的普遍印象的解释，我们就应该去探究形成这些印象的那些普遍经验。人们更容易注意到变化，而不是不变的东西。此外，在我们注意的事物中，引起痛苦或不适的事情更容易形成单次印象。所以，当发生变化时，让我们感觉变差的东西通常会留下更深的印象，所以我们开始认为变化等于恶化，也就是默认稳定等于良性。

或许每个人头脑中都有一个理想世界，只有"坏事"会变化，"好事"会保持不变。但真实世界并非如此，正是因为随着时间的推移，我们会改变好事的定义。同样，我们也可以改变稳定的定义。曾经"稳定"的系统可以变得"不稳定"，仅仅因为我们重新定义了系统行为，或者环境的变化范围。这种变化可能逐渐发生，例如父母逐渐接受孩子的新行为；也可能很快发生，可能是响应某个事件，例如旅鸽的灭绝。

例如，假设有一天风速达到每小时110英里，一幢大楼倒塌了。大楼的业主和在因此受伤的人就会起诉建筑师，因为他设计了一幢"不稳定"的建筑。在这种时候，如果你去提醒业主，在当年他们批准的方案中，"稳定"的定义是承受最高每小时90英里的风速，就不会有什么用处。出现每小时110英里的大风，改变了人们的稳定性概念，就算事实是他们从来不会批准额外的费用来抵御以前从未出现过的大风。

在最后的分析中，与稳定性概念相关的3个部分（系统、环境和关键性限制条件），都依赖于观察者。但是我们觉得，稳定性在某种程度上是我们思考系统时的核心。我们如何解释这种感觉呢？帕森（Parson）和希尔斯（Shils）[7]给出了很好的答案：

> ……如果系统足够持久而值得研究，那么肯定有一种趋势去维持秩序，除非遇到异常的情况。

换言之，任意选出的一组变量不一定表现出稳定性，但是越不稳定，就越不具备"值得研究"的机会。

也许最好是说"能被研究",而不是"值得研究",因为科学家们总是竭尽全力在他们试图研究的东西中制造或发现他们需要的稳定性。有时他们缩短时间尺度,一种同位素能在1/1 000 000秒内保持稳定对于物理学家而言就足够了。图7-1是一个光脉冲的照片,用1/200 000秒的快门拍摄一束光经过一瓶水的过程,这使它"足够持久而值得研究"。这里使用的实验方法,就像我们在研究收费站驶出汽车的那个例子中建议的一样[8]。

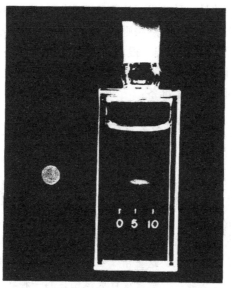

图7-1 飞行中的光线照片

借助形形色色的实验装置,科学家们成功地抽象或创造出了一些观点,从而提高了系统中更恒定部分的重要性。这种成功让他们忘记了这种恒定主要是因为选择,而不是因为机会。100多年前,达尔文[9]就意识到了这种情形,他说:

> 作者们有时会循环论证,说重要器官从不发生变化。同样是这些作者,将这种不变性标识为重要(某些博物学家非常诚实地承认了这一点)。而且,在这种观点指导下,我们不会发现重要器官变化的任何实例。但在其他观点指导下,肯定可以给出许多实例。

当然,达尔文考虑的是解剖学家和博物学家,但有趣的是,100多年之后,在人类学领域里,著名的理论家朱利安·斯图尔德(Julian Steward)[10]也"诚实地承认"了同样的循环论证(作者的话为突出显示部分):

> 科学目的和方法的当前表述是建立在一种文化观念之上的，这一点需要澄清。如果能从独特的环境中分离出更重要的文化制度，将其分门别类，并联系到重复出现的前身或功能上相关的东西，那么接下来就可以这样认为，我们考察的文化制度是根本的、不变的，而那些导致独特性的东西是次要的、可变的。

斯图尔德表达的是一种启发式法则，即我们的不变法则，不过如果读得不仔细，这听起来像是一种自然法则。他说："可以这样认为……是根本的、不变的"，从中我们可能推断出"根本的就是不变的"，或"不变的就是根本的"。而他真正所说的是"不变是可研究的"（不变法则），所有这一切只是为三元论的一个问题做好了准备：

"为什么事物会保持不变？"

7.3 存续性

> 如果你观察一些自动装置，不论它们是人类设计的还是自然界中本来就存在的，你通常都会发现，它们的结构很大程度上受控于它们可能失效的方式，以及针对失效所采取的预防性措施（多少有些效果）。说它们能预防失效有点夸张，这里用了一个与主题完全不符的乐观术语。它们不是能预防失效的，只是被设计成试图达到一种状态，这样至少大部分失效都不会是毁灭性的。所以，根本谈不上消除失效，或完全消除失效带来的影响。我们能尝试的只是设计一种自动装置，在大部分失效发生时仍能继续工作。这种装置减轻了失效的后果，而不是治愈了失效。大部分人造的和自然界存在的自动装置，其内在原理都是如此。
>
> ——约翰·冯·诺伊曼（John von Neumann）[11]

系统为什么能存续下来？从长远的角度来看，这是因为那些不能存续下来的系统都已不在，我们不会想起它们。我们经常看到的系统，都是从过去的所有系统中挑选出来的系统，它们是最好的"存续者"。

我们应该很快注意到，存续对于系统而言是真正重要的事情。我们的观点可能偏颇，因为常见的系统都是出色的幸存者。但是，不论我们选择怎样的时间跨度，大部分系统的存续时间都不会很长。对于生物个体而言，我们有理由相信，没有一个生物体能永远生存下去。已知最古老的活生物是刺果松，至今已经活了约4000年。如果我们选择种群作为系统，那么即使个体死亡，系统仍然存续，但情况也好不了多少。自从生命出现在这个星球上，已经灭绝的物种超过了90%。仅仅有极少数的物种，比如蟑螂，拥有大约3亿年的历史。人类的组织机构就更弱了。大部分公司5年内就会关门，很难想象一家公司会拥有几百年的历史。像罗马天主教会那样的机构，有近2000年的历史，是硕果仅存的稀罕物。

所以，存续性绝不是系统行为的一个微不足道的属性。所有值得研究的系统都必须具备这种属性，这种属性不是任意集合体都可能具备的。因此，清楚了解存续性的含义十分重要。既然存续性是系统持续的存在，要清楚了解存续的含义，我们就必须考察"持续"和"存在"的意义。

"持续"是指系统要值得研究而必须存在的一段时间。这段时间的长度取决于系统和观察者之间的相对时间尺度，因此至少也是间接地与观察者的生存时间有关。如果人是系统的观察者，那么这种时间尺度的效果就不难确定。例如，我们一般不会认为植物能靠自身力量移动，但如果观察植物时通过定时拍照技术，将时间变化加快，我们会看到它激烈地扭曲。通过高速摄影技术，我们可以和微生物这样的世界产生共鸣，否则我们尚未理解时，它们已经完成了一生。

我们的白盒系统可以用来说明时间尺度。请回忆OCCULT的4种类型，*SX*、*SI*、*SV*和*SVI*，这样命名是根据它们在随机输入下达到的同终状态。虽然我们描述了达到状态*SX*、*SV*和*SVI*的方法，但我们只讨论了达到*SI*的必然性。如果我们真的要展示从（0，25，0，25，0，0，0，25，0，25）这样状态开始的系统行为，就会看到图7-2所示的结果，其中根本看不出系统会走向状态*SI*或者其他任何状态。

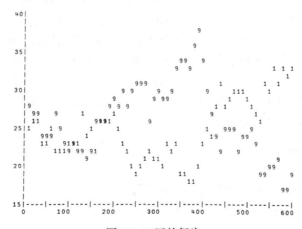

图7-2　*SI*区的行为

行为看起来没有趋近*SI*的原因可以从图7-3中清楚地看出来，这个俱乐部始于状态（0，99，0，0，0，0，0，0，0，1），而这个状态肯定在*SI*之前。需要像图6-4中第15行[（38，38），where $d_{38} = IX$]那样非常特殊的输入，才能将系统推向SI，即等级为IX的会员必须"教育自己"成为等级I。因为这个输入不是总部发来的命令，所以俱乐部就会越来越远离状态*SI*，虽然它仍停留在全是I和IX的子空间中。换言之，系统很少有机会能达到状态*SI*，即使该俱乐部已经非常"接近"了，但达到这种接近需要一组长到几乎不可能的输入。如果我们不是从接近*SI*的俱乐部开始，即只挑选最优秀的人作为会员，那么我们不太可能看到系统如此接近*SI*，更不用说系统自己达到*SI*了。

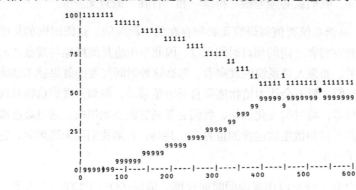

图7-3　接近*SI*，但还没有达到

系统究竟要花费多少时间才能达到完美的全1状态，这取决于大法师如何控制输入。如果他给出的输入确实是"本质上随机的"，那么可能需要很长很长的时间，我们才会看到俱乐部真正达到*SI*，尽管一旦达到就会永远保持。

很长很长的时间到底有多久？如果计算机每秒钟进行1000次状态转换，那么我们要等上比宇宙年龄还要长的时间，才能看到*SI*。所以，尽管我们可以借助逻辑的力量，知道系统最终会达到*SI*，但如果仅仅通过观察系统的行为来了解它，我们永远不会得到这样的结论。在这个例子中，图7-2就是"典型的"行为图景，我们会说这种行为模式是稳定的，虽然它注定最终会消亡。并且，如果经过很长一段时间，我们碰巧观察到一个系统到达了*SI*，我们肯定会说，我们知道的那个系统不再存在了。

7.4　标识

控制论中最基本的概念是"差异"，要么是两个事物存在可辨识的差别，要么是一个事物随时间发生变化。

——W. 罗斯·阿什比（W. Ross Ashby）[12]

存在就是有一个标识。标识实际上就是生存能力的同义词，因为不能生存，就没有什么可标识了，而事物一旦改变了标识，就代表不再存在。但要有标识，就需要一个鉴定人，因此很难说系统何时存在，何时消亡。罗马是在公元476年灭亡的吗？一些历史学家说是的，但如今的罗马城中依然生活着几百万罗马人。当海德先生在街头游荡时，化身博士就不存在了吗？*这都归结为一个问题，即如何为系统建立一种标识。

早春的一天，我从厨房的窗户向外望去，看见樱桃树上有一只冠蓝鸦。因为它是蓝色的，所以我认为它是冠蓝鸦。我不是一位专业的鸟类观察者（甚至连业余的也不算）。如果有人给我看一只红色的冠蓝鸦，我就会称之为主红雀。而且，我敢肯定大多数人会做出相同的判断。但是鸟类学家却不这么看：对他来说，颜色不是冠蓝鸦的主要标识属性或变量。毫无疑问，他会很惊讶，并且很高兴发现了一只红色的冠蓝鸦，但他永远不会将这只冠蓝鸦误认为主红雀。对他来说，这是一个玩笑，一种突变，但它仍然是一只冠蓝鸦。鸟类学家和我谁对？当然，我们都没有错。我们可以争论谁的标识变量更好，但我们更可能会停止争论，保留观点。我的判别标准对诗意描述来说足够了，但对鸟类学家的乏味论文就完全不够了。

211

也许这个例子看起来荒唐可笑。选它是为了澄清概念，而不是阐述微妙的区别，从而避免让争论带有偏见，就如同许多经典的例子一样。地球上的第一个人是何时出现的？标准石油公司发生了什么事情？谁是黑人？革命政府必须承认先前政府签订的条约吗？空间中空无一物还是充满了以太？在所有这些例子中，因为没有这些系统公认的标识变量，所以争论才有意义。尽管如此，我们有信心，只要看到一个人就能识别出他是一个人，我们也知道公司的构成，能认出黑人、政府和空间。只有当我们头脑中那些模糊的概念遇到实际情况的挑战时，我们才知道这些概念通常有多模糊。在日常生活中，我们不需要更仔细的描述。

但是，能让所有观察者都达成共识的系统一定存在吗？例如，单元素原子对所有观察者来说都是一样的，对吗？绝非如此！出于各种不同目的，物理学家会采用这种假定，但是出于另一些目的，他们采用穆斯堡尔谱这样的工具来研究核子的能级如何受到晶体中周围原子的影响。这种"同一性"定义的变化，给所有对变化的讨论带来麻烦，从物理学到哲学，因为实际上我们不止有一种"同一性"的定义，而是有许多种定义。

---

*源自《化身博士》。——译者注

如果采用编程识别异同的方法，我们就能澄清"同一性"的概念。这个领域又称为"模式识别"[13]，或者对于更具体的视觉图像来说，就是"图像处理"[14]。如果向计算机提供两张可以区别的不同图片，通过处理图片，将它们简化成标准形式，或"规范的"或"正规的"形式，这样计算机就可以回答"同一性"的问题了。

例如，在图7-4中，我们可以看到几个"字母"。它们是同样的字母吗？如果我们给出了肯定的答案，实际上已经在脑中将它们转换成了规范的形式，如图7-5所示。这种转换是不变法则的另一种应用。这里，字母的"同一性"不会受到大小变化或旋转的影响。

图7-4　它们是"同样的"字母吗

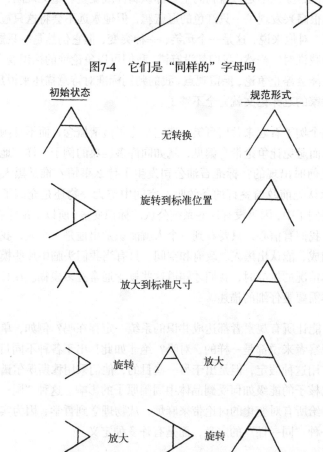

图7-5　转换到规范的形式

当然，事情也不会那么容易。图7-6中的字母是"同样的"吗？旋转一个就能得到另一个，但最右边是"N"，中间是"Z"，第三个是……好吧，谁知道左边那个是什么？有时它是"N"，有时是"Z"，有时什么也不是，有时两个都行（参见图7-7）。每种规范化的规则都给出"同一性"的一种不同定义，用起来一样方便。深层次的问题不是两个事物是否相同，而是知道人们所说的"同一性"是否相同。

图7-6 它们是"同样的"字母吗

（N）

（Z）

（都不行）

（都行）

图7-7 是N还是Z

"差异是控制论中最基本的概念"，一般系统思维中也是这样。我们要永远记住，这也是最难的概念。在下面的讨论中，我们要记住这个警告。而在这个讨论中，我们应该假定大家对"同一性"的定义已经达成一致，并试图标识一个系统。

例如，我们可以同意采用图6-17的方法来定义OCCULT系统的同一性，所以就有4种系统：*SX*、*SI*、*SV*和*SVI*。要简化为4种规范形式中的一种，可以利用下面的程序：

(1) *s* = 1、3、7、9的个数；

(2) 如果*s* = 100，那么该系统为*SI*；

(3) 否则 $t = 5$ 的个数；

(4) 如果 $s + t = 100$，那么该系统为 SV；

(5) 否则 $u = 0$ 的个数；

(6) 如果 $u = 0$ 且 $t = 0$，那么该系统为 SVI；

(7) 否则该系统为 SX。

换句话说，这里的标识过程简化为对状态的一次观察，然后通过一些变换来确定观察到的状态属于哪个状态空间区域。

实际上，用这种方式我们只能肯定地标识唯一一种情形，即封闭的、状态确定的系统，我们对这种系统有完整的视图。因为我们引入了这种特殊的隐喻，所以很容易认为，这种瞬间的观察总是能确定标识，但我们习惯的过程是用一段时间来观察行为（一些连续的状态）。这段时间的长度取决于犯错的后果，如果禁止离婚，延长订婚期就是比较谨慎的做法。

现在假定我们采用这种简单的标识过程。如果我们确实在观察一个封闭、状态确定的系统，那么标识就不会出错。然而，如果系统有输入，那么就只有当状态碰巧保持在我们设定的范围内时，这种简单的办法才会给出正确的标识结果，就像对简单的系统一样。但一般来说，因为：

$$S_{t+1} = F\left(S_t, I\right)$$

可能有某种输入 I 出现，从而导致系统脱离原来的标识区域。回到我们的类比，出现那种结果可能是因为某些笨拙的油漆工将红漆溅到了冠蓝鸦身上。

这种事情发生的概率有多大？当然，我们不可能计算出这种怪事发生的概率，但我们可以分析这些怪事发生的原因。如果将函数关系概念化，如图7-8所示，就可以看出系统的存续取决于环境输入 I，也取决于 F，即系统对输入进行解释或转换的方式。如果系统的建造方式使得所有的标识属性都稳定，那么它就能存续下来。

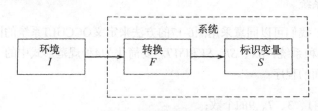

图7-8 保持标识的问题

所谓"建造方式"，部分含义是指"自然规律"（所有系统建造的规律），部分是指特别的系统规律（那个特定系统的结构）。因此，如果冠蓝鸦的部分"程序"是：

1374. 如果某人将红色油漆溅到你身上，那么飞到一桶松节油中洗个澡。

那么，冠蓝鸦就能在我的认知中存续下来。或者，它的程序可能包含：

3502. 如果某人将红色油漆溅到你身上，那么停在这棵樱桃树上，直到油漆脱落。

这也可以得到同样的结果。可以这样理解，系统存续是因为它对环境正好有一种合适的转换，它存在于这个环境中，或者说，观察者发现它存在于这个环境中。

更准确地说，我们可以用图7-9来描绘保持标识的一般问题。这里，观察者也被画进了图中，同时也包括他判断系统是否保持标识的程序。在这个更一般的视图中，存续问题取决于：

(1) 环境做了什么；
(2) 系统的程序如何转换环境；
(3) 标识包含哪些变量；
(4) 观察者的程序如何操作这些变量。

215

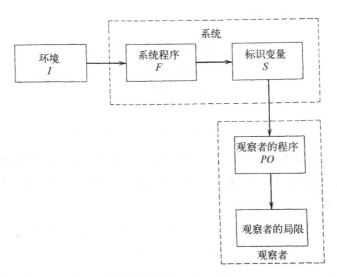

图7-9　保持标识的一般性问题

7.5 调节与适应

> 啊！栗树，盘根错节繁茂威武，
>
> 你是叶子，花朵，还是树干枝梢？
>
> 啊！躯体伴着音乐摇曳，眼光闪闪，
>
> 我怎能把舞者从舞蹈中细细辨看？
>
> ——威廉·巴特勒·叶芝（William Butler Yeats）[15]

系统从何而来？在溅了油漆的冠蓝鸦的例子中，一个系统不再存续，导致了一个新系统的诞生。少了一只冠蓝鸦等于多了一只主红雀。但在其他例子中，不再存续的系统不一定会被新系统取代，它就是不再存续了。随着时间推移，随着不成功的转换被淘汰（在系统和观察者的程序中），系统是否会越来越少？如果有新的转换产生，就不会。在这种情况下，我们不会看到随着熟悉的老系统逐渐消失，世界变得越来越无趣。

转换来自何处？它在系统内部的什么地方？一般情况下，我们说不出来，但在白盒模型中，我们恰好知道转换来自何处。转换就是程序。

可能有不同的程序吗？当然可能，但就我们所知，只有我们介入去编写才行。好吧，这样说也不完全准确，因为我们允许通过输入修改参数n，这样就得到了不同的仿真。我们可以将这种简单的想法推向更远的地方。

在白盒中，我们有如下指令。

> (0) 无限地重复(1)~(4)行
>
> (1) 取下一对（i, j）
>
> (2) $t = d_i \times d_j$
>
> (3) $d_j = t$的最后一位
>
> (4) 显示（$d_1, \cdots, d_{100}$）

这里有几种类型的指令（"重复""取""赋值""显示输出"），但计算机还可以进行其他操作。特别是，我们可以选择一个任意的输入对（73, 15），然后插入以下指令。

> 1.5. 如果（i, j）是（73, 15），那么将第(2)行改为：
>
> (2) $t = d_i \times d_j + 1$

换句话说，程序可以改变自身，就像OCCULT俱乐部可以反抗秘术家等级制度，改变自己的规则一样。

在计算机内部，程序被编码成数字并存储起来，其处理方式与"状态"和"环境"完全相同。图7-8中的3个方框，在仿真中都表示为数字，存在计算机内存中。没有理由假定其中一个比其他更加持久。特别是，程序自身也能变化，所以我们不会认为转换是某种神秘的"未知函数F"：

$$S_{t+1} = F(S_t, I_t)$$

而是将S分解成（程序，其他变量），或（P，V）。这样，神秘的F就只剩下一组规则，放在计算机中，程序将按这些规则解释执行。这些是仿真中唯一不变的部分，但正如司马贺（Simon）所说的，"对于一台工作的计算机，几乎没有任何有趣的表述与硬件的具体特征有关。"

在计算机内部，硬件代表"自然规律"，也是仿真得以实现的舞台。虽然仿真"依赖"这些硬件，但关键点在于戏剧，而不是舞台管理。其中计算机之美作为仿真舞台而得以展现，利用白盒方法，它允许我们建造任何类型的装置，我们想要研究的任何类型的神奇世界。

用函数的形式，上述说法就是：

$$S_{t+1} = H(S_t, I_t)$$

其中：

$$S = (P, V)$$

H指"硬件"或"不变的自然规律"，因此吸引我们注意这个事实，即所有其他东西都可能变化，包括程序。更进一步说，所有普遍性的东西都包含在H中，而所有系统特有的东西则存在于S和I中。因此，任何"特定系统的规律"都在它们之中，而不在硬件之中。

到目前为止，在我们谈到系统的转换时，都隐含它是固定的这一假定。既然我们已经成功地将系统的转换与系统的其他方面放在了同一层面，就可以对此应用无关法则。要理解变化，必须考虑转换自身发生变化的可能性。

系统转换的改变对我们来说并不陌生。与保持不变的东西相比，我们或许对它们不那么熟悉，或者它们只是较难想到，但是它们一直在我们的周围。最明显的例子就是我们所谓的"学习"，因为我们可以想象某件事的做法存储在人们的头脑中，就像程序存储在计算机中一样。通过学习，我们改变了自己的身份标识，因为"理解就是改变，就是超越自己"。医生和律师的区别不在于他们的骨骼结构不同。不过，我们也可以通过改变物理结构而改变自己的身份。我们的身体可以学习，让我们成为撑杆跳选手或爬竿选手。或者，我们可以通过新工具来延展我们的身体标识。"农民"卖掉锄头买回拖拉机，就成了"农场主"。

任何系统都会经历变化，决定输入转换方式的那一部分会发生改变，即程序的改变，不管这种"程序"指的是骨骼、建筑物，还是信念。因此，保持标识变量的方法不是一种，而是两种。如果系统的状态是 (P, V)，代表程序和其他变量，那么系统可以通过固定 P 或者改变 P，来保持其标识变量。

意识到可以改变程序，我们就解决了耗尽所有可能转换的问题。例如，在前面的白盒中，我们以前意识到 10^{100} 个状态，只需要计算机存储100个数字。程序有多少呢？虽然我们的程序相当短（只有5行），但是程序可以任意长，直到填满计算机的所有存储空间。如果存储空间能存1 000 000个数字，那么它能存储的程序长度为1 000 000个数字，也许是10 000行。1 000 000个数字的不同组合都是不同的程序，所以在不同时间，该计算机一共可以存储 $10^{1\,000\,000}$ 种不同的程序（即转换）。每个程序对我们挑出来的那100位数字都会产生特别的影响，但并非所有行为都不同。因此，我们观察到的每个程序，都是一组等价程序中的一个，对于一段时间的黑盒观察来说，这组程序看起来是一样的。

为了说明这个原理，请考虑图7-10中展示的行为。虽然这个行为与图6-13或图6-14感觉类似（请注意新的时间尺度），但有些东西变化了。这个系统不再是到达 SX 并停留在 SX，OCCULT俱乐部停了一会儿，然后跳出 SX，转到了某个任意状态。在原来的程序中加入下面一行，得到了这张图：

1.5. 如果状态是 SX，那么如果 $i = j$，为系统随机选择一个新的初始状态。

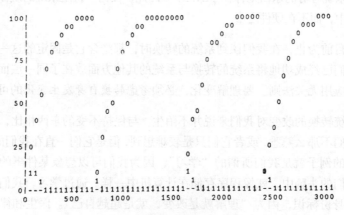

图7-10　白盒系统的时序图

注意，只要该俱乐部还没有"到达"SX，1.5行就完全不起作用，这个俱乐部也不会重新组织。在这个例子中，对这个白盒的黑盒观察者来说，无论如何都不会发现存在该规则。我们知道它存在只是由于我们把它放在那里。对于那些以SI、SV或SVI为初始状态的OCCULT俱乐部而言，这个1.5行完全不起作用，我们永远无法区分这两个程序。

还有另一种方法可以让这个1.5行不起作用。由于该俱乐部必须接收到$i=j$的（i，j）对才会重启，那么假如输入不允许出现"自我教育"的情况，结果如何？结果就是我们看到的图6-13，行为和最初没有这个1.5行的系统完全一样。实际上，图6-13"真的"就是这样画出来的，而不是通过原来的程序。你知道，秘术家不相信冥想，所以O'Teric先生从不允许自我教育。

由不确定性原理可知，我们无法区分哪个是有1.5行但没有冥想的俱乐部，哪个又是原来不允许冥想的俱乐部。所以，如果O'Teric先生取消了冥想的限制，从而允许系统达到SI，我们也不应该吃惊，我们会在图6-13中看到一个突然的跳变。我们不应该吃惊，但我们吃了一惊，为什么？因为我们倾向于认为转换是分离的，或者是系统中可以分离的部分，而且是不会变化的部分。

直到现在，我们一直假设系统的标识是某些变量的状态，而不是它所展现的某些行为。用叶芝的话说，我们的标识是舞者而非舞蹈。现在是时候抛弃这种假设了。但是，我们必须抛弃它吗？我们如何从舞蹈中辨认出舞者呢？

由于我们已经把程序变成状态的一部分。（P，V），按行为来标识理论上等同于要求程序P属于一个程序集合，它们产生一定范围的系统行为。换句话说，程序必须是稳定的。系统可以改变程序，但不应导致行为超出范围，我们基于这个范围标识系统。这个要求允许程序改变多少？我们的计算机程序表明，程序规模的变化和它产生的后果之间没有必然的联系。极小的变化就能完全改变展现出的行为，大量的变化也可能没有看得到的效果。

请考虑程序中包含如下判断：

492. 如果$x+1=y$那么执行过程A，否则执行过程B。

假如，在计算机存储器中，"+"变成了"－"，就会得到：

492. 如果$x-1=y$那么执行过程A，否则执行过程B。

从白盒中存储信息的角度来看，这种从加法到减法的变化是可能的最小变化：我们说它只是"一位"信息。但从外部效果来看（黑盒观察者所看到的），系统行为的变化可能像过程A与过程B的差别那样大，A和B可以是任意的过程。

这个例子并不是虚构的。计算机系统曾因一位信息的改变而失效。在生物组织中，基因物质中单个分子的变化，可能产生与父母完全不同的后代。在法律事务中，插入或者删除一个逗号可能导致翻天覆地的变化。有一个故事，说的是一位纽约商人，他考虑收购英国的一家公司，当时还没有越洋电话。他的代理人发来电报，报价14 000 000美元。这超出了他的期望值，于是他回电报称：

NO, PRICE TOO HIGH.（不，价格太高。）

在传输过程中，逗号被漏掉了。所以他的代理人收到消息：

NO PRICE TOO HIGH.（什么价都不高。）

于是，很负责任地以14 000 000美元成交。

我们对这样的故事感兴趣，因为我们相信白盒中的小变化应该导致黑盒行为的小变化。我们相信这一点是因为，我们的周围充满了一个个的系统，它们的"结构在很大程度上是受控的，其控制来自于它们可能失效的方式，以及针对它们的失效采取的预防性措施"。那人是个傻瓜，冒几百万美元的风险赌逗号的正确传输，他应该浪费点钱，多写几个字。生物体可能因一次突变而彻底改变，但有一些精细的安排来防止遗传物质发生这种变化，并在变化发生时，使它无效。因此，我们的经验表明效果定律通常成立[16]：

结构上的微小变化通常会导致行为上的微小变化。

或者用我们的话来说：

白盒的微小变化通常会导致黑盒的微小变化。

因为在效果定律上的实际体验，我们倾向于将系统分成固定的部分和变化的部分，其中固定的部分（或"结构"）是系统行为的"来源"。前文引用过的斯图尔德（Steward）的说法，就是这种观点的典型例子，这在科学文章中几乎到处都是。例如，赫伯特·斯宾塞（Herbert Spencer）[17]这样写道：

正是各部件间的持久关系构成了整体的特征，它有别于各部件的特征。

换句话说，按照这个观点，我们将系统分成两组变量：P 和 V。在 V 中我们看到了"行为"或"功能"，它是持久"结构"的可变功能。虽然我们可以按照功能来标识系统，但这只是出于便利，因为"真正的"标识存在于"各部件间的持久关系"，即"结构"中。

补充这种"结构"观点的是"行为"观点，它指出我们了解"结构"的唯一途径是观察行为。对于倡导行为观点的人，效果定律也可以反过来说：

行为上的微小变化通常源于结构上的微小变化。

我们可以把这两种观点称为"白盒"和"黑盒"，然而在科学辩论的历史上，它们有过许多名称。在生物学中，我们有解剖学家，他们试图通过静态结构来理解变化，通过存在理解行为。另一方面，我们也有动物行为学家，他们试图通过变化来发现什么不变，通过行为了解存在。在生物学的另一个方面，我们有分子生物学家和分类学家；物理学有机械力学和热力学；心理学有生理学家和行为学家；艺术有线条主义和块面主义。科学家们何时才能发现看待世界的互补方式呢？

"调节性"和"适应性"的概念来自于白盒—黑盒争论的两个方面，所以它们的明确程度取决于 P 和 V 划分的明确程度。按照白盒观点，如果系统通过固定的 P 能保持稳定的 V，那么系统具有调节性；按照黑盒观点，稳定的 V 表明 P 多少是固定的。虽然调节性并不意味着系统保持不变，但它确实意味着变化是"频繁的""小或不重要的"、"可逆或循环的"，而且变化发生在系统的"可变部分"或"功能"中。

按照白盒观点，适应性包括 P 的变化。按照黑盒观点，适应性是通过行为的"重要"变化而发现的。不论按照哪种观点，这些变化几乎都被定义为"不常见的"、"大的"或"重要的"、"不可逆的"或"进步的"，并且存在于系统的"固定部分"或"结构"中。但在所有情况下，P 的变化都没有大到足以改变系统的标识。如果改变了标识，该系统就不被认为"在适应"，而是"不再存续"。

所有用来区分"调节性""适应性"和"不再存续"的术语都是相对性术语，披着各种绝对论者的伪装。实际上，不存在绝对的方法来区分调节性与适应性，或区分适应性与不再存续。我们一般不划分 (P, V)，而只是给出粗略的分离，从而导致同一个变量可能在两"部分"中找到。

一旦我们发现了麻烦的根源，困扰哲学家和科学家们的绝大多数主要难题就会消失。在生物学中，能呼吸空气的鱼类是否变成了新的物种？或者只是适应？在人类学中，学会其他民族语言和部分生活习性的人群，是形成了一种新文化，适应了某种文化，还是融入他所学习的那种文化？在组织机构理论中，获得新任务的组织变成了新组织，还是老组织适应了新任务？

由于呼吸方法既是转换的一部分，也是"鱼"的标识的一部分；由于语言既是转换的一部分，也是"文化"的标识的一部分；由于执行的任务既是转换的一部分，也是"组织机构"的标识的一部分，所以这些问题无法回答。为什么？因为适应性和标识保持的定义是基于完美划分的错误假定。

近年来，人们对"自适应机器"[18]的研究兴趣一直在膨胀，这个术语遭到了"自然"适应性门徒的反对。要为一个自适应系统建立仿真，我们必须写出能够变化的程序。然而，如果系统因此呈现"适应性"行为，批评者们会说该系统不是在适应，而是在调节，因为仿真程序被设计成可变的。因此，所有展示出的变化，都没有修改系统最初的结构，所以系统不具有适应性，因为适应意味着改变结构。

不过在某些情况下，我们可能愿意接受这种说法，因为它是有用的。比如说，我们可能因此会问，人类的学习是否是"适应性"，因为大脑的结构包含变化的可能。生物适应性又是怎么回事，因为遗传机制很显然包含变化的准备？但重点是什么？"适应性"和"调节性"不是"真实的"，它们只是思维的工具。由于它们是强大的工具，所以常被误用，但这不能成为抛弃或甩掉它们的借口。不要扔掉我们的工具，让我们尝试安全有效地使用它们。

7.6　旧车定律

压力是一种状态，它表现为一种特定的综合征，包含了生物体内所有非特异性的诱发变化。

它的构成元素……可以表示所有不同调节的总和，这些调节在生物体内一直存在。

——汉斯·薛利（Hans Selye）[19]

互补的观点可能造成适应性、调节性和标识丧失等概念的混淆，混淆中夹杂着调节性和适应性的互补关系，这在每一种观点中都有。例如，请考虑一个手头稍紧的车主所面临的问题。他的用车支出主要是汽油和机油，可以看成调节成本。它们像是调节成本，因为在"正常"用车时，它们是定期发生的。

如果他仔细记录这些支出，就会注意到随着时间推移，单位汽油可行驶的里程数正在降低。最终，将发动机送去检修以节省汽油开支就比较合算了。他还可能开始注意机油的消耗量，到某个时候他就会花钱换活塞环，重新镗镗气缸，或者买一个新引擎。这些比较极端的手段可以认为是适应，因为调节成本已经上升到了一个特殊点，以至于采取这些极端的手段是合算的。通过适应，调节的成本降低了。

当然，面对岁月的摧残，最终会有一个时刻，这时除了改变旧车的身份标识（可能是买一辆新车），再也没有其他办法能降低用车的成本。但在此刻到来之前，这辆车的生命中会有较长一段时期，这段时期里，调节能力慢慢下降，穿插着几次快速而巨大的适应性变化。因为这种生命历史在系统中很常见，所以我们可以将背后的法则提升为一般系统的定律，即旧车定律。

用一般性的语言，而不是旧车实例中的语言，该定律表述为：

(1) 调节作用发挥得很好的系统不需适应性变化；
(2) 系统可以通过适应性变化来简化它的调节工作。

旧车定律的例子比比皆是。生活得很好、交了税的农场主不需要接受技术指导员关于新耕作方法的建议。但如果他的河滩地的生产力开始衰退，他就会急于尝试任何事情。"赢得"战争的国家继续着自鸣得意的生活方式，而"输家"会经历一些不能归因于"战争破坏"的结构变化。"成绩全优"的学生不需要学习太多，即使他没有发挥他的能力。"有待考察"的学生更有可能仔细思考他选择的人生之路。只有当"满载荣誉"的学生真正投入他的职业时，才会感到不满意从而迫使他做出一些改变，他以往太坚定故而不能改变。

223

生物学中，开销（调节的成本）用薛利提出的"压力"概念来表示。旧车定律应用于生物学中，就是能克服压力的有机体无须适应性变化，但假如压力超出了可承受水平，有机体将会发生适应性变化，或者崩溃。因此，变化的出现对观察者来说是一个启发信号，表明调节成本已经上升，即使这种上升以前未被注意到。

精神病学中也是这样，分析师常常追溯病人对压力的适应性变化。这种探索是必要的，因为引发心理压力的东西似乎具有任意性。效果定律似乎不能适用于精神病人。有些人一看到烟灰缸里的烟头就会非常紧张，还有些人看到松开的鞋带就会性欲勃发。另一方面，有些人看到用汽油弹炸人都可以无动于衷，而这让大多数人不只是内心紧张而已。

作为心理医生面临困难的一个实例，请考虑对自己的意识，或自我。自我常常深埋于特定的或奇怪的行为模式之中。如果某人说自己"脾气暴"，那么即使环境的信号（对我们来说）似乎不适合爆发，他也会持续发脾气。即使会影响他的工作、友谊和家庭关系，他也会继续这种社会不认可的行为。对他来说，发脾气就是他的身份标识，这个身份标识不是那些有可能丧失的东西。他过滤掉了环境中的警告信号，在我们看来，他尽可能采用了一种调节的方法，避免在自己的行为上发生适应性变化。然而，在他本人看来，他的调节是为了保持他的身份标识，是为了生存。这种调节系统越有效，他就越不可能改变这种令人不快的行为。改变的唯一希望就是，要么改变他标识自己的方法，要么大幅增加他的痛苦。

这个来自精神病理学的例子对我们也一样，即使我们自我感觉很好。每个人都紧抓着关于世界的各种信念，同样不愿放弃。因为它们正好能被社会接受，我们说出来时没有明显的压力。缺少压力可能导致乐观主义。如果不是深信"事情并非我们所知"，我们就能够说出一些观点，而不必寻求心理医生的帮助。

例如，我们标识世界上的事物时，通常采用随意和直觉的方式，并没有准备好理智地探讨适应性变化。我们会把物理外壳误认为是系统。校友会给毕业生寄去老教学楼的水彩画，让他们相信这就是原来的母校。画中的学生身影模糊，没有长发飘飘。学生只是大学的匆匆过客。大学的标识是爬满常青藤的大楼，以及常青藤下的教授。

也许更糟，大学的标识只是常青藤覆盖的校名而已。只要校名不改，多么巨大的变化都不会让我们在意。政党的例子最为明显，"布尔什维克"和"民主党"首当其冲。本书也是一个标准的例子：虽然最初的每页书稿都被扔进了废纸篓，但书名仍然没变，因此它还是"同一本书"。

只要我们还是如此随意地标识系统，就不能指望对系统的总体行为有太多理解。不过，我们完全有资格选择任意的方法来标识系统。有效思维的秘诀在于：采用的标识方法聚焦于我们感兴趣的部分，抛弃其他的标识方法。旧车定律减轻的"压力"可能只是观察者的压力，即观点与"现实"相距太远而导致的精神煎熬。这种现实要么是"外部的"世界，要么是他头脑中的世界。因此，我们可能希望重新表述旧车定律，这次特别强调观察者的角色。

(1) 看世界的方法不对观察者产生过度的压力，就不需要改变。
(2) 看世界的方法可能会改变，以减轻对观察者的压力。

换句话说，为什么我们不断向古老的世界观注入新的活力？为什么我们有时候花费巨大精力去修正那些观点？为什么我们有时候以旧换新？在结束我们的一般系统思维导论时，哪些更好的系统问题要加到我们的清单中？

7.7 思考题

1. 一般性问题

列出你在生活中遇到的一些系统，比如一棵树、森林、动物、企业、机器、建筑物、河流或道路。请尝试找出每个系统的寿命，并讨论将寿命归因于这个系统时导致的问题。

参考：Aldous Huxley, *After Many a Summer Dies the Swan*. New York: Harper, 1939

书中包括大量讨论尝试弄清楚池中的鲤鱼能活多久。

2. 计算机仿真

在我们的OCCULT系统中，转换可以表示为10×10的表格，交叉的单元格显示得到的数字。例如，表的左上角看起来是这样的：

	0	1	2	3···
0	0	0	0	0···
1	0	1	2	3···
2	0	2	4	6···
3	0	3	6	9···
4	0	4	8	2···

不过，任何这样的表格都可以表示转换，特别情况下，全部或部分的状态数字可能与上表重叠。请编写一个计算机程序来模拟这个系统，其中状态与转换表重叠。研究并报告该系统的行为。

3. 政治学

请对以下关于"均衡"的论述发表你的见解[20]。

一个完全均衡的社会可以定义为：在给定的时刻，社会中的每个成员都拥有他期望的一切，处于绝对满足的状态。或者也可以将其定义为类似蜜蜂、蚂蚁等社会化昆虫的社会，其中每个成员对给定的刺激都表现出可以预测的反应。显然，所有人类社会只可能处于不完全均衡状态，其中个体以及团体间存在着变化的、互相冲突的愿望和习惯，它们形成复杂的相互调节，以至于目前似乎不可能用数学来描述。

4. 角色理论

在标识人类的身份时，我们常常采用"角色"的策略。假如我们问"那是谁？"答案可能是"那是哈里·克兰克"。但更多时候我们会听到诸如"邮递员""屠夫的伙计""隔壁邻居"等回答。角色理论是社会学和社会心理学中相当成熟的分支，与本章中讨论的身份标识等问题有着各种联系。请讨论标识变量、标识行为和角色理论中"角色"之间的关系。

参考：David Krech, Richard Crutchfield, and Egerton L. Ballachey, *Individual in Society*. New York: McGraw-Hill, 1962

5. 福利事业

1704年，丹尼尔·笛福（Daniel Defoe）的一本小册子面市，内容很符合其标题：

"施舍不是慈善，雇佣穷人是国家的苦难"

随后，类似的争论被多次提出来：如果工人的收入得到调节，那么他们就不需要适应更低的收入或更努力的工作。消除这种保障机制（济贫法等），工人们就必须在适应性变化和不再存续（说白了就是饿死）之间做出选择。请用一般系统论的观点讨论上面的论点。

6. 外交

虽然"均势"这一思想在希腊时代就已存在，但在现代，是休谟于1854年首次提出的。事实上，从1648年条约生效算起，到1854年，均势系统已经在欧洲运作了200多年。均势理论的重要性可能在于，只有当系统开始表现出崩溃的信号时，我们才从政治理论家那里清楚地知道它的存在。

请将均势理论作为一种调节手段来讨论。什么事件表明这样的系统发生了适应性变化？均势不再存续意味着什么？现在欧洲还存在这样的系统吗？

参考：Karl Polanyi, *The Great Transformation*. Boston, Mass.: Beacon Press, 1964

7. 图像处理

请列出用于图像处理的常用标准变换方法，如旋转、放缩、调色、消斑、直线画、填补等。请讨论组合这些变换得到的各种标准化方法，并给出一些图像的例子，说明每种标准化将它们判定为"相同"还是"不同"。请举例说明，标准化变换的应用顺序对相同性定义的影响。

8. 语言

请回答以下问题：

> 任何具体单词都有一个最为显著的特征，即它能以任何字体、颜色、大小、速记或普通写法出现。如果说出来，可以具有任何强度、速度、音调，而且在绝大多数语言中，可以有许多语调。所有这些不同的表现形式可以是"相同的"单词。那么这种相同性包含什么？[21]

9. 神经学与教育

近些年来，关于是否应该给学生服用某些药物（尤其是安非他命）的争论越来越多。这些学生被诊断为"轻微脑功能障碍综合症"（MBD）。这种病症的判断完全取决于孩子的行为表现。早些时候，这种病症被归因于"脑部损伤"，但是没有人发现患者脑部发生任何器质性病变。问题是做出这种诊断所依据的症状范围很广，所有症状在某些情况下都是正常的表现，而在这里就被看作是这种综合征的症状。这些症状包括学习成绩不佳、冲动、注意力难以保持、情绪变化快、缺乏协调性、多动、容易分心。从这个列表中可以看出，一个与老师定义的好学生不同的学生，很容易被贴上"MBD"的标签。请讨论这种"疾病"的行为标识的问题，尤其是MBD的情况。

227

参考：Paul H. Wendler, *Minimal Brain Dysfunction in Children*. New York: Wiley, 1971.

10. 生态学

请讨论以下说法：

> 蒸汽机和老鼠的数量或任何其他生态机器的显著区别在于，生命系统必须使用自身的一部分能量来制造和修复自身。

参考：Lawrence B. Slobodkin, *Growth and Regulation of Animal Populations*, p. 132. New York: Holt, Rinehart and Winston, 1966

11. 医药

请讨论以下说法：

> 大多数针对死亡和死去的讨论都会不安地转换，并且常常或多或少无意识地从一个观点跳到另一个观点。一方面，"死亡"这个常用名词代表了一种明确定义的事件，即生命瞬时终结的那一步。另一方面，死去被看成是一个持续很久的过程，从生命之初就开始了，直到构成生命体的最后一个细胞停止能量转换。[22]

参考：Leon R. Kass, "Death as an Event: A Commentary on Robert Morison." *Science*, 173, 698 (August 20, 1971)

12. 海洋学或海洋生物学

> 鲨鱼已经在地球上存活了两亿年左右，尽管它们的身体已经比原先的60英尺至70英尺缩短了很多。他们对环境的卓越适应能力，只有蟑螂能比。

鲨鱼的身体大约已经缩短为原来的1/10，为什么鲨鱼还是鲨鱼？如果两亿年后，人类的身高从现在的几英尺变成了几英寸，人类还是人类吗？

参考：Constance Holden, "Shark-Tagging: Keeping Track of One of the World's Great Survivors." *Science,* 180 (25 August 1972)

13. 终极问题

两亿年后，人类还会生存在地球上吗？

7.8 参考读物

推荐阅读

1. R. W. Gerard, "Units and Concepts of Biology." *Modern Systems Research for the Behavioral Scientist*, Walter Buckley, Ed., pp. 51-58. Chicago: Aldine, 1968.

2. Robert S. Morison, "Death: Process or Event?" *Science*, 173, 694 (August 20, 1971).

3. Leon R. Kass, "Death as an Event: A Commentary on Robert Morison." *Science*, 173, 698 (August 20, 1971).

建议阅读

1. Hans Selye, *The Stress of Life*. New York: McGraw-Hill, 1956.

2. Mikhael Bakunin, *God and the State*. New York: Dover, 1970.

7.8

参考读物

... ...

附录 A
（附录标题）

表示法名称	符 号	读 法
A. 科学计数法	10^{15}	(1) 10的15次方 (2) 1后面15个0 (3) 1 000 000 000 000 000
	6×10^{10}	(1) 6乘10的10次方 (2) 6后面10个0 (3) 60 000 000 000
	10^{-15}	(1) 10的负15次方 (2) 1前面有14（15 − 1）个0 (3) 0.000 000 000 000 001（换句话说，一个很小的数）
B. 下标符号	a_2	(1) $a2$ (2) a的第二个元素
	P_i	(1) Pi (2) P的第i个元素
（二维）	M_{32}	(1) $M32$ (2) 矩阵M中3行2列的元素
	X_{ij}	(1) Xij (2) X中i行j列的元素
C. 集合	(A, X, H)	(1) 元素名为A、X和H的集合 (2) 元素A、X和H的集合 (3) 集合A、X、H
	$(A, B, C, \cdots)$	集合包含A、B、C等
	$((a,v),(a,b),(b,y))$	(1) 集合的集合，(a,v), (a,b), (b,y) (2) 有序对集合，(a,v), (a,b), (b,y)
	$S = (r, t, q, c)$	(1) S是集合名，包含r、t、q和c (2) S是集合(r, t, q, c)

表示法名称	符　号	读　法
D. 笛卡儿积	$S \times T$	(1) 集合S和集合T的笛卡儿积
		(2) S叉T
		(3) 集合S的一个元素和集合T的一个元素组成的所有可能的有序对的集合
		(4) 集合S和T的积
E. 子集或划分	$S = (a, b, (r, t))$	(1) S是一个集合，包含元素a和b和一个子集(r, t)
		(2) S被划分为a、b和(r, t)
F. 函数符号	$y = f(a, b)$	(1) y（只）依赖于a和b，但依赖方式不明
		(2) y依赖于a和b
		(3) y是a和b的函数
		(4) y等于f括号ab
	$r = g(e, t, \cdots)$	r是e, t的函数，可能还有其他变量
	$s = g(x) + h(x, z)$	s是x的某个函数加上x和z的某个函数
	$y = f(a, b)$	所有这些意思都一样：y（只）依赖于a和b，但依赖方式不明
	$y = F(a, b)$	
	$y = \phi(a, b)$	注："某个不确定的函数"最常用的符号是小写字母f、g、h，大写字母F、G、H，以及希腊字母ϕ（phi）、
	$y = \theta(a, b)$	θ（theta）、ψ（psi）。然而，由于这个位置的符号
	$y = \psi(a, b)$	表示"未确定的函数"，任何符号都可以用

参考文献

前言

[1] Jean-Paul Sartre, *Search for a Method*. Translated by Hazel E. Barnes. New York: Vintage, 1968, pp. 17, 18. Sartre is referring to *Capital and German Ideology*, by Karl Marx.

第 1 章

[1] John R. Platt, "Strong Inference." *Science*, 146, No. 3642, 351 (1964).

[2] Paul W. Richards, "The Tropical Rain Forest." *Scientific American*, Vol. 229, #6, Dec. 1973, pp. 58-67.

[3] Eugene P. Wigner, Nobel Prize Acceptance Speech, December 10, 1963. Reprinted in *Science*, 145, No. 3636,995 (1964).

[4] Karl Deutsch, "Mechanism, Organism, and Society." *Philosophy of Science*, 18, 230 (1951).

[5] Anatol Rapoport, "Mathematical Aspects of General Systems Analysis." *General Systems Yearbook*, XI 3(1966).

[6] W. Ross Ashby, "Systems and *Their Information Measures.*" *Trends in General Systems Theory*, George J. Klir,Ed., pp. 78-97 New York: Wiley, 1971.

[7] Richard Feynman, *The Character of Physical Law*. Cambridge, Massachusetts: MIT Press, 1965.

费曼实际上引用了这句话而没有指明出处，但提到费曼的真正原因，是要对比物理学家对这个发现的观点和这里采取的观点。费曼说：

……和人类思维相比，我对自然奇迹更有兴趣，自然奇迹遵守引力定律这类优雅而简单的定律。因此，我们的主要关注点不是我们有多聪明所以才能发现它，而是自然有多聪明所以我们会注意它。 (p. 14):

当然，我们的兴趣完全相反，这意味着费曼的观点与本章和下一章内容是互补的。

[8] Erwin Schrddinger, *What is Life?* Cambridge: Cambridge University Press, 1945.

[9] Ludwig von Bertalanffy, *General Systems Theory*, p. 49. New York: Braziller, 1969. Copyright © 1969 by George Braziller, Inc. Reprinted with the permission of the publisher.

[10] D'Arcy Thompson, *On Growth and Form*, abridged ed., John Taylor Bonner, Ed., pp. 262-263. Cambridge:Cambridge University Press, 1961.

第 2 章

[1] Robinson Jeffers, "The Answer." *In The Selected Poetry of Robinson Jeffers*. New York: Random House, 1937.

[2] Geraldine Colville and H. M. Colville, *Matisse, From the Life*, p. 124. London: Faber and Faber, 1960.

[3] J. W. S. Pringle, "On the Parallel Between Learning and Evolution." In *Modern Systems Research for the Behavioral Scientist*, Walter Buckley, ed., pp. 259-280. Chicago: Aldine, 1968.

[4] Claude Bernard, *An Introduction to the Study of Experimental Medicine*. New York: Dover, 1957.

[5] Edward T. Hall, *The Silent Language*. Garden City, N.Y.: Doubleday, 1959.

[6] Thomas S. Kuhn, *The Structure of Scientific Revolutions*. Chicago: University of Chicago Press, 1962.

[7] Max Planck, *Scientific Autobiography, and Other Papers*. New York: Philosophical Library, 1949.

[8] Hans Reichenbach, *The Rise of Scientific Philosophy*. Berkeley, Calif.: University of California Press, 1963.

[9] Hans Selye, *The Stress of Life*. New York: McGraw-Hill, 1956.

[10] Kenneth Boulding, "General Systems as a Point of View." In *Views on General Systems Theory*, Mihajlo D. Mesarovic, Ed. New York: Wiley, 1964.

[11] Hans Reichenbach, *Op. cit.*

[12] Kenneth Boulding, "General Systems as a Point of View," *op. cit.*

[13] Jean Piaget, *The Language and Thought of the Child*. Cleveland: World, 1955.

[14] Selye, *Op. cit.*

[15] Max Wertheimer, Ed., *Productive Thinking*, pp. 269-70. New York: Harper, 1959. Copyright 1945, 1959 by Valentin Wertheimer.

[16] Karl Menninger, *Theory of Psychoanalytic Technique*, p. 14. New York: Basic Books, 1958.

[17] Anatol Rapoport, In *Modern Systems Research for the Behavioral Scientist*, Walter Buckley, Ed., p. xiii.Chicago: Aldine, 1968.

[18] Alfred North Whitehead, *Science and the Modern World*. New York: Macmillan, 1926.

[19] Kenneth Boulding, "General Systems as a Point of View," *op. cit*.

[20] Mark Kac, "Some Mathematical Models in *Science*." Science, 166, No. 3906 695 (1969).

[21] Paul Samuelson, *Economics* (eighth edition), pp. 19-23. New York: McGraw-Hill, 1970.

[22] Gerald M. Weinberg, "Systems Research Potentials Using Digital Computers." *General Systems Yearbook*, VIII, 145 (1963).

[23] Gerald M. Weinberg, "Natural Selection as Applied to Computers and Programs." *General Systems Yearbook*, XV, 145 (1970).

[24] Daniela Weinberg, "Models of Southern Kwakiutl Social Organization." In *Cultural Ecology and Canadian Native Peoples*, Bruce Cox, Ed. Carleton Library Series, Institute of Canadian Studies. Ottawa: Carleton University.(1974)

[25] G. M. Weinberg and Daniela Weinberg, "Biological and Cultural Models of Inheritance. "*General Systems Journal*, I,No. 2 (1974).

[26] Gerald M. Weinberg, *The Psychology of Computer Programming*. New York: Van Nostrand Reinhold, 1971.

[27] Donald Gause and G. M. Weinberg, "On General Systems Education." *General Systems Yearbook*, XVIII, 137 (1973).

[28] Ludwig von Bertalanffy and Anatol Rapoport Ed., *General Systems Yearbook*. Vols. 1 19. Ann Arbor: Society for General Systems Research 1956-1974.

[29] Ludwig von Bertalanffy *General Systems Theory*. New York: Copyright © 1968 by George Braziller, Inc.Reprinted with the permission of the publisher.

第 3 章

[1] W. Ross Ashby, "Principles of the Self-Organizing System." In *Modern Systems Research for the Behavioral Scientist*, Walter Buckley, Ed. Chicago: Aldine, 1968.

[2] Robert Herrick, "Delight in Disorder." In *The Complete Poetry of Robert Herrick*. Garden City, N.Y.:Doubleday, 1963.

参考文献

[3] Simone de Beauvoir, *Memoirs of a Dutiful Daughter*. Baltimore: Penguin Books, 1958.

[4] Albert Einstein, "Maxwell's Influence on the Evolution of the Idea of Physical Reality." 1931 （这是文章的第一句。）

[5] E. H. Gombrich, *Art and Illusion*, no. 5 in the A. W. Mellon Lectures in the Fine Arts, Bollinger Series XXV © 1960, 1961, and 1969 by The Trustees of the National Gallery of Art, Washington, D.C., reprinted by permission of Princeton University Press.

[6] Eleanor Gibson, "The Development of Perception as an Adaptive Process." *American Scientist*, 58, 98 (1970).

[7] Ward H. Goodenough, *Culture, Language, and Society*. Reading, Mass.: Addison-Wesley, 1971.

[8] James G. Miller, "Living Systems: The Organization." *Behavioral Science*, 17, No. 1, 19 (1972).

[9] Clarence Lewis and Cooper Langford, *Symbolic Logic*, p. 256 Peter Smith. 1959.

[10] L. A. Zadeh, "Fuzzy Sets." *Information and Control*, 8, 338 (1965).

[11] Arthur D. Hall and R. E. Fagen, "Definition of System." In *Modern Systems Research for the Behavioral Scientist*, Walter Buckley, Ed. Chicago: Aldine, 1968.

[12] 我们将引入所有需要的概念集，但读者可能希望独自努力建立自己的理论集。有一些不错的参考：

P. R. Halmos, *Naive Set Theory*. Princeton, N.J.: Van Nostrand, 1960.

S. LipsZchutz, Set Theory and Related Topics. New York: Schaum, 1964.

Zadeh, *Op. cit.*

W. Ross Ashby, *An Introduction to Cybernetics*. New York: Wiley, 1961.

W. Ross Ashby, "The Set Theory of Mechanism and Homeostasis." *General Systems*, IX, 83 (1964).

[13] Antoine de Saint-Exupery, *Le Petit Prince*, p. 19. Paris: Gallimard, (Author's translation).

[14] S. S. Stevens, "Mathematics, Measurement, and Psychophysics." In *Handbook of Experimental Psychology*, S. S. Stevens, Ed. New York: Wiley, 1962.

[15] Crane Brinton, *The Anatomy of Revolution*, pp. 178-9. New York: Vintage Press, 1965.

第4章

[1] W. Ross Ashby, *Introduction to Cybernetics*. New York: Wiley, 1961.

[2] G. M. Weinberg, "Learning and Meta-Learning Using a Black Box." *Cybernetica*, XIV, No. 2 (1971).

[3] Morton H. Fried, *The Study of Anthropology*. New York: Crowell, 1972.

[4] John R. Dixon and Alden H. Emery, Jr., "Semantics, Operationalism, and the Molecular-Statistical Model in Thermodynamics." *American Scientist*, 53, 428 (1965). Reprinted by permission of *American Scientist* journal of Sigma Xi, The Scientific Research Society of North America.

[5] R. E. Gibson, "Our Heritage from Galileo Galilei." *Science*, 145, 1271 (September 18, 1964).

[6] Robert R. Newton, Ancient Astronomical Observations and the Accelerations of the Earth and Moon. Baltimore: Johns Hopkins Press, 1970.

[7] Kenneth Boulding, *Economics as Science*, p. 115. New York: McGraw-Hill, 1970. Used with permission of McGraw-Hill Book Company.

[8] James C. Maxwell, Source lost and untraceable.

[9] Neils Bohr, *Essays*, 1958-1962. New York: Wiley, 1963.

[10] Bohr, *Op. cit.*

[11] Robert Redfield, *Tepotzlan: A Mexican Village*. Chicago: University of Chicago Press, 1930.

[12] Oscar Lewis, *Life in a Mexican Village: Tepotzlan Restudied*. Urbana: University of Illinois Press, 1951.

[13] Oskar Morgenstern, *On the Accuracy of Economic Observations*. New Jersey: Princeton University Press, 1963.

[14] Thomas R. Blackburn, "Sensuous-Intellectual Complementarity in *Science*." Science, 172, 1003 (June 4, 1971).

[15] James Loy, Review of *Social Groups of Monkeys*, Apes, and Men, by M. R. A. Chance and C. J. Jolly. *Science*, 172 (May 1971).

[16] W. M. Elsasser, "Quanta and the Concept of Organismic Law." *Journal of Theoretical Biology*, 1, 27 (1961).

参考文献

第5章

[1] Kurt Vonnegut, Jr. *Cat's Cradle*, pp. 67-68. New York: Dell, 1970. Copyright ©1963 by Kurt Vonnegut, Jr. Reprinted by permission of the publisher, Delacorte Press/Seymour Lawrence.

[2] Henry P. Bowie, *On the Laws of Japanese Painting*. Gloucester, Mass.: Peter Smith, 1911.

[3] Leo Tolstoy, *Childhood, Boyhood, and Youth*. New York: McGraw-Hill, 1965. Used with permission of McGraw-Hill Book Company.

[4] Elliott Jaques, *The Changing Culture of a Factory*. London: Tavistock, 1951.

[5] Galileo, "Dialogo," Opere, VII, p. 129. In Herman Weyl, *Philosophy of Mathematics and Natural Science*, p. 16. New York: Atheneum, 1963.

[6] Hermann Hesse, *Magister Ludi*, In *Eight Great Novels of H. Hesse*. New York: Bantam Press, 1972.

[7] In *One Hundred Poems from the Japanese*, p. 51, Kenneth Rexroth, Ed. and Trans. New York: New Directions, 1959,

[8] Oskar Morgenstern, *On the Accuracy of Economic Observations*. New Jersey: Princeton University Press, 1963.

[9] P. W. Bridgman, *The Way Things Are*, p. 109. Cambridge, Mass.: Harvard University Press, 1959.

[10] Ernst Mayr, *Animal Species and Evolution*. Cambridge, Mass.: Harvard University Press, 1963.

第6章

[1] P. W. Bridgman, *The Way Things Are*, p. 3. Cambridge, Mass.: Harvard University Press, 1959.

[2] Herbert A. Simon, *The Sciences of the Artificial*, p. 18. Cambridge, Mass.: MIT Press, 1969.

[3] Henry L. Langhaar, *Dimensional Analysis and Theory of Models*. New York: Wiley, 1951.

[4] 学习模拟计算机的一个很好的起点：

J. R. Ashley, *Introduction to Analog Computation*. New York: Wiley, 1963.

[5] G. M. Weinberg, N. Yasukawa, and R. Marcus, *Structured Programming in PL/C*. New York: Wiley, 1973.

[6] W. Ross Ashby, *Introduction to Cybernetics*.New York: Wiley, 1961.

[7] 拓扑学主题通常展现的方式不适合没有经过数学训练的人。感兴趣的读者可能希望看看Richard Courant和Herbert Robbins关于拓扑学的讨论：

The World of Mathematics, James R. Newman, Ed. New York: Simon and Schuster, 1956 1960 (4 volumes)

数学基础更好但不了解拓扑学的读者可以试试：

M. Mansfield, *Introduction to Topology*. Princeton, N.J.: Van Nostrand, 1963.

[8] Hans Elias, "Three-Dimensional Structure Identified from Single Sections." *Science*, 174 993 (December 3,1973).

W. A. Gaunt, *Microreconstruction*. London:Pitman Medical Press, 1971.

[9] Edwin Abbott, *Flatland: A Romance in Many Dimensions*. New York: B & N Press, 1963.

[10] George Kirkland, farm worker, as quoted by Ronald Blythe, *Akenfield: Portrait of an English Village*, p. 99. Middlesex, England: Penguin Books, 1972.

[11] 关于时间本质的这种有趣观点和许多其他有趣观点，可以参考：

Leonard W. Doob, *Patterning of Time*. New Haven: Yale University Press, 1972.

[12] 比如：

Murray R. Spiegel, *Laplace Transforms*. New York: Sc haum, 1965.

[13] Ingrid U. Olsson, Ed.,"Nobel Symposium 12: Radio-Carbon Variations and Absolute Chronology". New York: Wiley, 1970.

[14] 请注意在同一张图中按时间来标绘两个变量的不同之处，这是确保使用相同时间坐标的明智方法。

[15] L. Brillouin, "Life, Thermodynamics, and Cybernetics." *Modern Systems Research for the Behavioral Scientist*, p. 149, Walter M. Buckley, Ed. Chicago: Aldine, 1968.

[16] Nikos Kazantzakis, *The Last Temptation of Christ*. New York: Simon and Schuster, 1966.

[17] Norman Howard-Jones, "The Origins of Hypodermic Medication." *Scientific American*, (January 1971).

[18] J. Woodland Hastings, "Light to Hide by: Ventral Luminescence to Camouflage the Silhouette." *Science*, 173, 116 (Sept. 10, 1971).

[19] Carl F. Jordan, "A World Pattern in Plant Energetics." *American Scientist*, 59, 425 (July-August 1971).

参考文献

第 7 章

［1］ R. W. Gerard, "Units and Concepts in Biology." *Modern Systems Research for the Behavioral Scientist*, Walter Buckley, Ed., pp. 51 58. Chicago: Aldine, 1968.

［2］ Mikhael Bakunin, *God and the State*. New York: Dover, 1970.

［3］ R. F. Dabenmire, *Plants and Environment*, p. 272. New York: Wiley, 1959.

［4］ Charles Gregg, Ed., *American Environmental Studies*. (Forty-two volumes) New York: Amo Press, 1970.

［5］ L. A. Zadeh and C. A. Desoer, *Linear System Theory*.New York:McGraw-Hill,1963. 当然，各种非线性系统的稳定性在数学上是更难的主题。感兴趣的读者也许会发现下面的参考文献很有用。（预备知识：矩阵、微分方程和线性系统。）

Jack M. Holtzman, *A Functional Analysis Approach*. Englewood Cliffs, N. J.:Prentice-Hall,1970

［6］ W. J. Cunningham, "The Concept of Stability." *American Scientist*, 53, 431 (December 1963). Reprinted by permission of American Scientist journal of Sigma Xi, The Scientific Research Society of North America.

［7］ T. Parsons and E. A. Shils, *Toward a General Theory of Action*, p. 107. Cambridge, Mass.: Harvard University Press, 1951.

［8］ Michael A. Duguay, "Light Photographed in Flight." *American Scientist*, 59,550 (Sept. Oct. 1971).

［9］ Charles Darwin, *On the Origin of Species* (Facsimile edition). Cambridge, Mass.: Harvard University Press, 1964.

［10］Julian Steward, *Theory of Culture Change*, p. 184. Urbana: University of Illinois Press, 1963.

［11］ John Von Neumann, *Theory of Self-Reproducing Automata*. Urbana: University of Illinois Press, 1966.

［12］ W. Ross Ashby, *Introduction to Cybernetics*, p. 9. New York: Wiley, 1961.

［13］ 比如：

Harry C. Andres, *Introduction to Mathematical Techniques in Pattern Recognition*. New York: Wiley, 1972.

Paul A. Kolers and Murray Eden, Eds., *Recognizing Patterns: Studies in Living and Automatic Systems*. Cambridge: MIT Press, 1968.

［14］ 比如：

R. Duda and P. Hart, *Pattern Classification and Scene Analysis*. New York: Wiley, 1973.

参考文献

[15] William Butler Yeats, "Among School Children." From *Collected Poems*. New York: Macmillan, 1956.

[16] D. O. Hebb, *The Organization of Behavior*. New York: Wiley, 1949.

[17] Herbert Spencer, *The Principles of Sociology*, pp. 447-448. New York: Appleton-Century-Crnfts, 1904.

[18] Nils J. Nilsson, *Learning Machines*. New York: McGraw-Hill, 1965.

[19] Hans Selye, *The Stress of Life*. p. 54. New York: McGraw-Hill, 1956. Used with permission of McGraw Hill Book Company.

[20] Crane Brinton, *The Anatomy of Revolution*, pp. 15-16. New York: Vintage Books, 1965.

[21] P. W. Bridgman, *The Way Things Are*, p. 13. Cambridge: Harvard University Press, 1959.

[22] Robert S. Morison, "Death: Process or Event?" *Science*, 173, 694 (August 20, 1971).

参考文献

欢迎加入

图灵社区 ituring.com.cn

——最前沿的IT类电子书发售平台

电子出版的时代已经来临。在许多出版界同行还在犹豫彷徨的时候，图灵社区已经采取实际行动拥抱这个出版业巨变。作为国内第一家发售电子图书的IT类出版商，图灵社区目前为读者提供两种DRM-free的阅读体验：在线阅读和PDF。

相比纸质书，电子书具有许多明显的优势。它不仅发布快，更新容易，而且尽可能采用了彩色图片（即使有的书纸质版是黑白印刷的）。读者还可以方便地进行搜索、剪贴、复制和打印。

图灵社区进一步把传统出版流程与电子书出版业务紧密结合，目前已实现作译者网上交稿、编辑网上审稿、按章发布的电子出版模式。这种新的出版模式，我们称之为"敏捷出版"，它可以让读者以较快的速度了解到国外最新技术图书的内容，弥补以往翻译版技术书"出版即过时"的缺憾。同时，敏捷出版使得作、译、编、读的交流更为方便，可以提前消灭书稿中的错误，最大程度地保证图书出版的质量。

优惠提示：现在购买电子书，读者将获赠书款20%的社区银子，可用于兑换纸质样书。

——最方便的开放出版平台

图灵社区向读者开放在线写作功能，协助你实现自出版和开源出版的梦想。利用"合集"功能，你就能联合二三好友共同创作一部技术参考书，以免费或收费的形式提供给读者。（收费形式须经过图灵社区立项评审。）这极大地降低了出版的门槛。只要你有写作的意愿，图灵社区就能帮助你实现这个梦想。成熟的书稿，有机会入选出版计划，同时出版纸质书。

图灵社区引进出版的外文图书，都将在立项后马上在社区公布。如果你有意翻译哪本图书，欢迎你来社区申请。只要你通过试译的考验，即可签约成为图灵的译者。当然，要想成功地完成一本书的翻译工作，是需要有坚强的毅力的。

——最直接的读者交流平台

在图灵社区，你可以十分方便地写作文章、提交勘误、发表评论，以各种方式与作译者、编辑人员和其他读者进行交流互动。提交勘误还能够获赠社区银子。

你可以积极参与社区经常开展的访谈、乐译、评选等多种活动，赢取积分和银子，积累个人声望。